JN247537

ビジネスにも役立つ!

ユーチューブ

# YouTube 完全マニュアル [第2版]

桑名由美 著

秀和システム

## ■本書の編集にあたり、下記のソフトウェアを使用しました

・iOS 13.4
・Android 9

上記以外のバージョンやエディションをお使いの場合、画面のタイトルバーやボタンのイメージが本書の画面イメージと異なることがあります。また、Android端末は、機種や携帯キャリアによって画面や操作が違う場合があります。

## ■注意

(1) 本書は著者が独自に調査した結果を出版したものです。
(2) 本書は内容について万全を期して作成いたしましたが、万一、ご不備な点や誤り、記載漏れなどお気付きの点がありましたら、出版元まで書面にてご連絡ください。
(3) 本書の内容に関して運用した結果の影響については、上記(2)項にかかわらず責任を負いかねます。あらかじめご了承ください。
(4) 本書の全部、または一部について、出版元から文書による許諾を得ずに複製することは禁じられています。
(5) 本書で掲載されているサンプル画面は、手順解説することを主目的としたものです。よって、サンプル画面の内容は、編集部で作成したものであり、全て架空のものでありフィクションです。よって、実在する団体・個人および名称とはなんら関係がありません。
(6) 商標
本書で掲載されているCPU、ソフト名、サービス名は一般に各メーカーの商標または登録商標です。
なお、本文中では™および® マークは明記していません。
書籍中では通称またはその他の名称で表記していることがあります。ご了承ください。

# 本書の使い方

このSECTIONの目的です。

このSECTIONの機能について「こんな時に役立つ」といった活用のヒントや、知っておくと操作しやすくなるポイントを紹介しています。

操作の方法を、ステップバイステップで図解しています。

用語の意味やサービス内容の説明をしたり、操作時の注意などを説明しています。

# はじめに

YouTubeは、Googleが提供する動画共有サービスです。一般人が投稿した動画だけでなく、著名人や企業などが投稿した動画もあり、さまざまなジャンルの動画を視聴することができます。パソコンだけでなく、スマホでも視聴できるので、ネット環境があればいつでもどこでも楽しめます。

視聴に慣れてきたら、投稿にもチャレンジしてください。動画投稿というと面倒に思うかもしれませんが、スマホを使って撮影し、そのまま投稿できるので、それほど難しいものではありません。内容も深く考えずに、旅先で見た風景や飼っているペットの様子、カラオケや楽器の演奏など気軽に投稿してみましょう。

視聴者が増えてくれば、自分の動画に広告を掲載して収益を得ることもできます。一定の条件を満たしていないと収益化することはできませんが、ちょっとしたお小遣い稼ぎにもなるので、投稿数とファンを増やして、収益化を目指してみるのもよいでしょう。

本書は、YouTubeの動画の視聴、投稿、編集、広告収益まで、YouTubeの一連の機能をまとめた解説本です。2018年7月に発売した前書の解説を書き改め、新しく加わった機能に対応できるようにしました。すでに利用している人でも、知らない機能があるかもしれません。また、これまで視聴するだけだったけれど、これから投稿してみたいと思っている人や広告収益を得られるようになりたいと思っている人もいるでしょう。さまざまな目的で使える内容になっているので活用して頂ければ幸いです。

最後になりましたが、今回の執筆にあたってご尽力いただいた秀和システムのスタッフをはじめ、ご協力いただいたすべての皆様にこの場をお借りして御礼申し上げます。

2020年5月
桑名由美

スマホで撮影してその場で投稿できる。詳細な設定や、しっかり編集をしたい場合は、パソコンから投稿しよう。

情報発信基地となるチャンネルは、視聴者を増やすうえで非常に重要なので、工夫して個性を出そう。

「YouTube Studio」で、動画に広告を表示させられる。また、視聴者属性や検索キーワードなどのレポートも見られる。

## Chapter06 YouTubeの広告とアクセス解析の使い方を理解しよう … 207



## Chapter07 トラブルを避け、安全・快適に使うために知っておきたいこと …… 236

Chapter

# 01

# YouTubeでできることやサービスの内容について知ろう

「動画を視聴できる」ことで広く認識されているYouTubeですが、「そもそもどのようなサービスなのか」「動画の視聴と投稿以外に何ができるのか」についてはよく知らないという人のために、この章ではYouTubeの基本について説明します。ここを読めば、どのようなサービスで何ができるのかがわかります。また、実際に活用されている例なども紹介するので参考にしてください。

01-01 SECTION

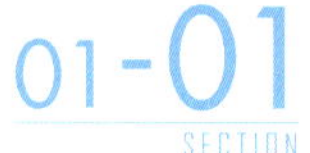

# YouTubeってどんなサービス？

## Googleが提供する動画共有サービス

YouTubeはGoogleが提供する動画共有サービスです。世界中から投稿されたさまざまな動画を視聴することができます。一般の人が投稿した動画の中にも、テレビ顔負けのおもしろい動画や感動する動画があり、娯楽の一つとして十分楽しめます。

また、自分で撮影した動画を投稿することもできます。歌やダンスなどの特技、旅先でのできごと、飼っているペット、商品やサービスの紹介など、他の人に見てもらいたいものを自由に投稿できます。投稿した動画が特別なものであれば、日本だけでなく、海外で注目されるチャンスもあります。

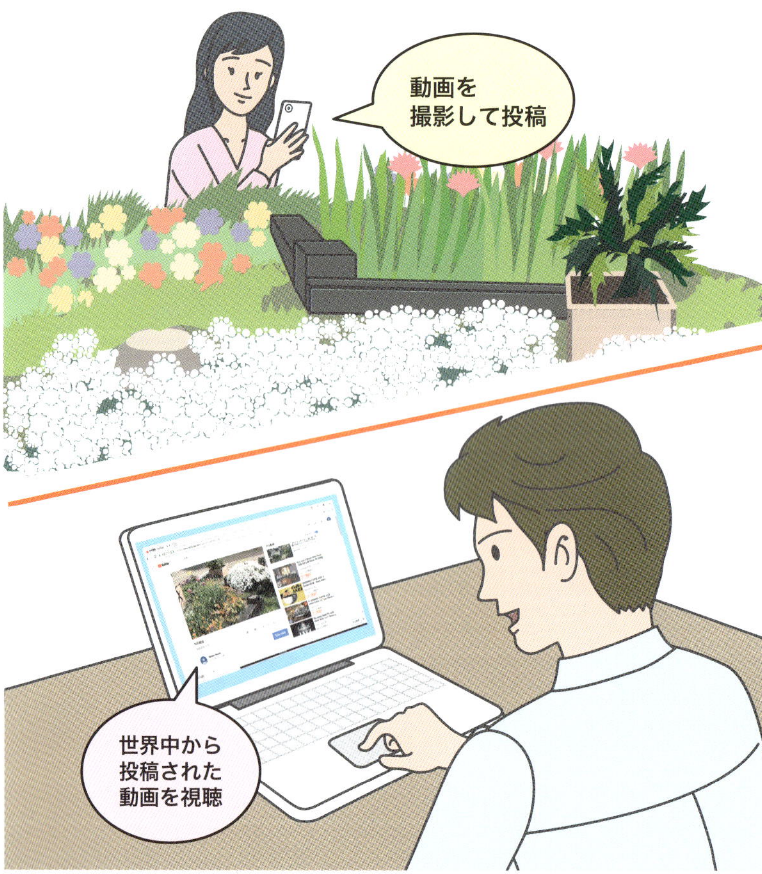

## さまざまな動画がある

一般人が投稿した動画、企業やお店が投稿した動画、テレビ局や映画会社が提供している動画、いろいろな動画があります。ジャンルもさまざまで、エンターテイメント、ニュース、スポーツ、ゲーム、ペット、音楽など豊富にあります。見たいと思う動画をキーワードで検索すれば何かしらの見たい動画が見つかるはずです。

▲キーワードで動画を探せる

## おすすめの動画は？

YouTubeには無数の動画があるので、どれを見たらよいか迷うかもしれません。また、個人の趣味や嗜好によって、見たいと思う動画はそれぞれ異なります。そこで、YouTubeでは、普段よく見ている動画を参考にして自動的におすすめの動画を表示してくれます。たとえば、犬の動画をよく見ているのなら、犬に関する動画をおすすめ動画として表示してくれます。わざわざ検索しなくてもその中から選んで視聴すればよいのです。

▲おすすめ動画が表示される

# YouTubeで何ができる？

## 動画の視聴と投稿

多くの人は、動画を見ることを目的としてYouTubeを利用していますが、ただ視聴するだけではもったいないです。動画には、評価やコメントを付けることができます。感動する動画を見たら高評価を付けたり、感想を言いたい動画があったらコメントを付けたりといった楽しみ方があります。

慣れてきたら、自分で撮影した動画を投稿することもできます。もし、知り合いだけに動画を見せたいのなら、特定の人だけが見られるようにすることも可能です。

▲視聴する

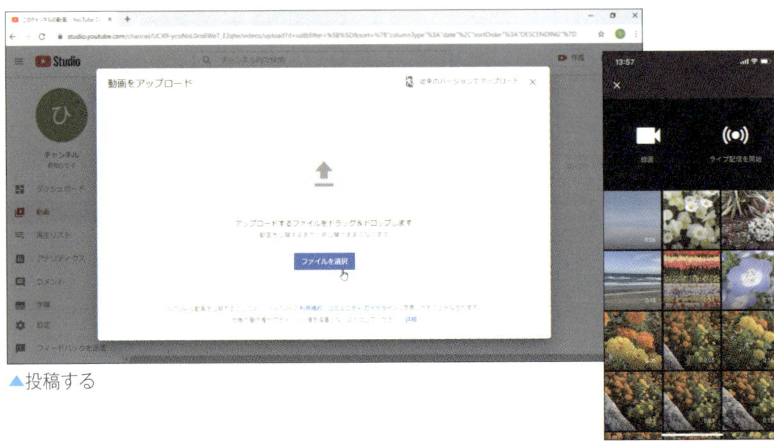


▲投稿する

## 宣伝、集客ができる

YouTubeは人気のサービスなので、商品やお店の動画を投稿すれば宣伝になります。はじめのうちは多くの人に見てもらえないかもしれませんが、工夫をしながら動画を投稿し続ければ視聴者が増えてきます。そうすれば、「商品を買ってみよう」「お店に行ってみよう」となり、売上アップにつながります。

## 広告によって収益を得られる

YouTubeの動画を見ていると、時々テレビコマーシャルのような広告が表示されることがあります。これは、動画投稿者が広告を入れることで、収益を得ているからです。動画に広告を入れるには自分のチャンネルへの登録者を増やさなければならないので時間がかかりますが、広告収益を得られるようになれば、投稿の報酬として、アイテムの購入費や撮影のための交通費などに使うことができます。

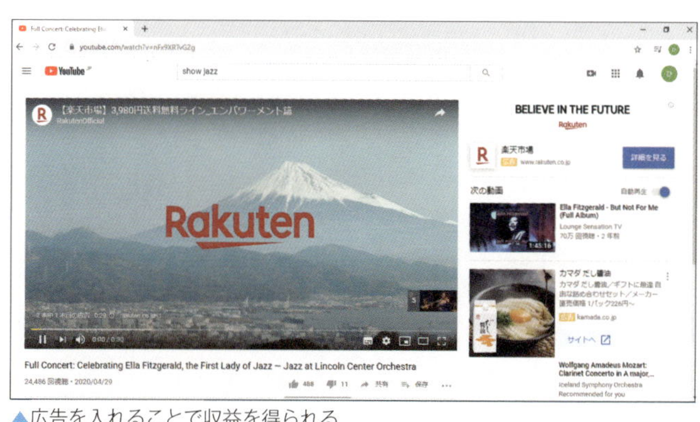

▲広告を入れることで収益を得られる

# YouTubeの利用に必要なもの

## 視聴に必要なもの

動画を視聴するときに必要なものは、パソコン、スマホ、ゲーム機、テレビなどの機器です。パソコンの場合は、ブラウザーを使って見ることができます。スマホの場合はブラウザーでも使えますが、「YouTube」専用のアプリを入れておいた方がYouTube本来の機能を使えるので便利です。iPhoneの場合は「App Store」から、Androidの場合は「Playストア」から無料でダウンロードできます。もちろん、YouTubeはインターネットサービスなので、インターネット環境も必要です。

なお、動画投稿に必要なものはSECTION 05-01で説明します。

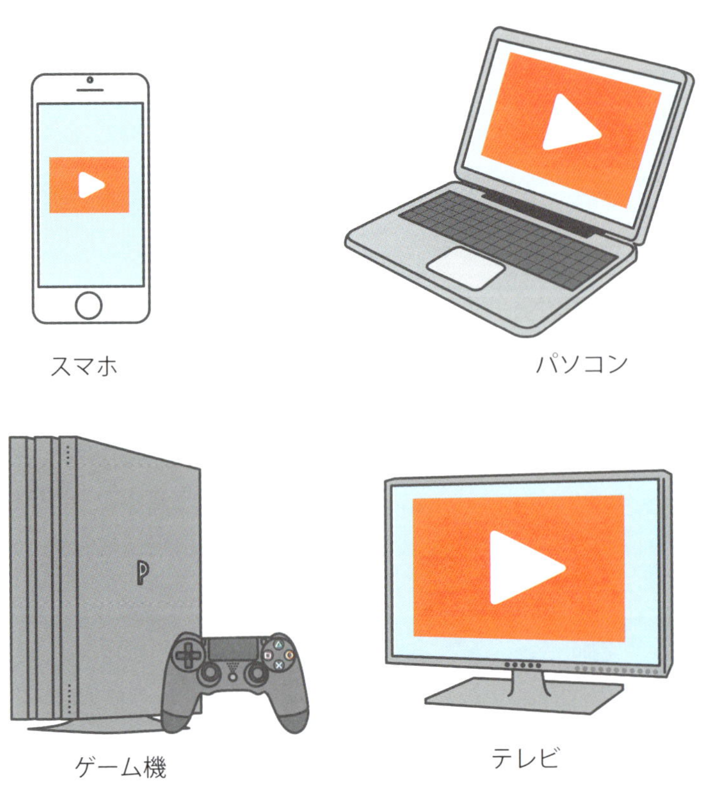

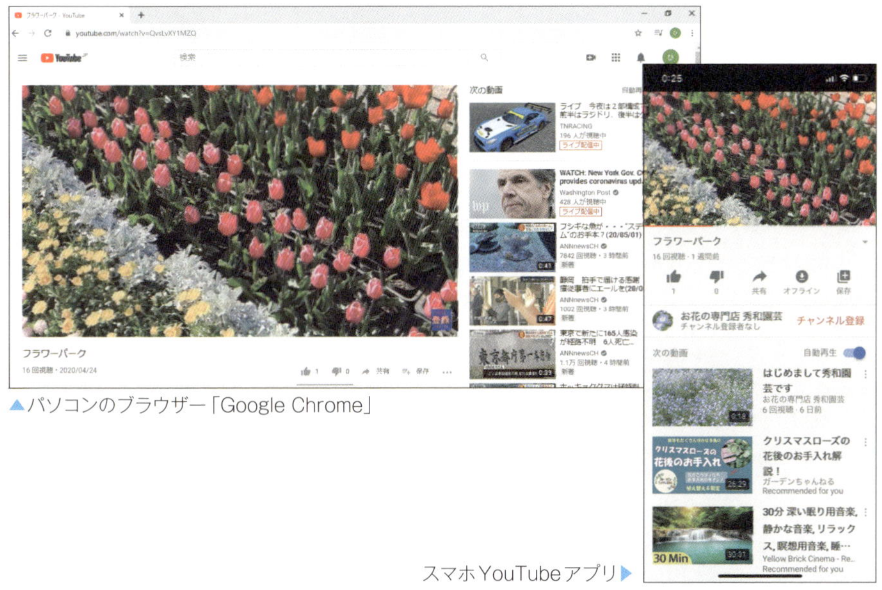


▲パソコンのブラウザー「Google Chrome」

スマホYouTubeアプリ▶

## 無料で利用できるの？

YouTubeに投稿されている動画は、基本的には無料で視聴できます。一部、映画やドラマなど有料コンテンツがあり、レンタルするか購入するかを選択して視聴します（SECTION 02-29）。有料の動画は、支払い手続きをしないと見られないので、うっかり見てしまったということはないので安心してください。

また、インターネットを使うので通信料がかかります。もし、スマホで、使った分を支払う従量制通信プランを使っている場合は、動画の見過ぎで予想外の出費にならないように気を付けてください。

▲有料動画もある

01-04
SECTION

# 動画が配信される仕組み

## 動画が視聴されるまで

投稿者は、スマホまたはビデオカメラで動画を撮影します。最近のスマホは高画質の動画を撮れるのでビデオカメラを持っていなくても大丈夫です。撮影した動画の一部だけを掲載したいときや明るさを調整したい場合は、YouTubeの画面で編集できます。もし、本格的な加工をしたい場合は別途動画編集アプリを使います。

動画をアップロードするときに「公開」、「限定公開」、「非公開」を選択でき、「公開」にしていれば、世界中のだれもが見られます。非公開にした場合は、他の人は公開に切り替わるまで見ることができません。

❶撮影

❸アップロード

❷編集

❹視聴

## 途中で動画が止まることはないの？

通常、インターネット上の動画は、サーバーに用意されたデータをダウンロードしながら視聴します。YouTubeの動画は、最新の技術（データを分割して少しずつダウンロードする）を使い、ストレスなく視聴できるように工夫されています。まれに、パソコンやスマホの環境、プロバイダーの通信速度の低下、ブラウザーの不具合など、条件が悪いと再生が止まることもあります。そのようなときは、パソコンやスマホを再起動したり、画質を下げたり（SECTION 02-04）、別のブラウザーに代えたりなどで解決する場合があります。

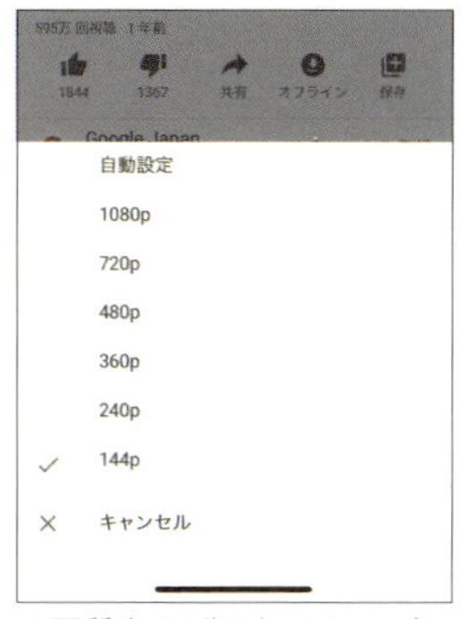


▲画質を下げるとスムーズになることもある

## 生放送で視聴・配信できる「ライブ配信」

YouTubeの動画には、録画された動画だけでなく、「ライブ配信」という生放送の動画もあります。生放送ですから、当然早送りや巻き戻しはできません。生放送されている動画には動画一覧に「ライブ」（パソコンの場合は「ライブ配信中」）と表示されます。

▲生放送されている動画には、スマホのYouTubeアプリでは「ライブ」、パソコン版では「ライブ配信中」と表示される

# YouTubeの活用例

## 宣伝や集客など、いろいろな目的で活用できる

新商品の発売や新しいサービスの開始などを宣伝したいとき、YouTubeを使うと効果的です。宣伝費用もテレビCMより断然安くすみます。ここでは具体例として一部を紹介しましょう。

### ●新商品発表会の様子を掲載する

新商品発表会などのイベントの様子をYouTubeに載せることで、商品や企業を紹介することができます。

▲「新商品発表会」の動画（docomoOfficial）
https://www.youtube.com/watch?v=xW4X37QA7Mw

### ●自社製品の使い方を紹介する

製品やサービスの使い方は、文章では伝えにくいですが、動画なら誰にでも理解できます。ちょっとした小技を紹介することもアピールになります。

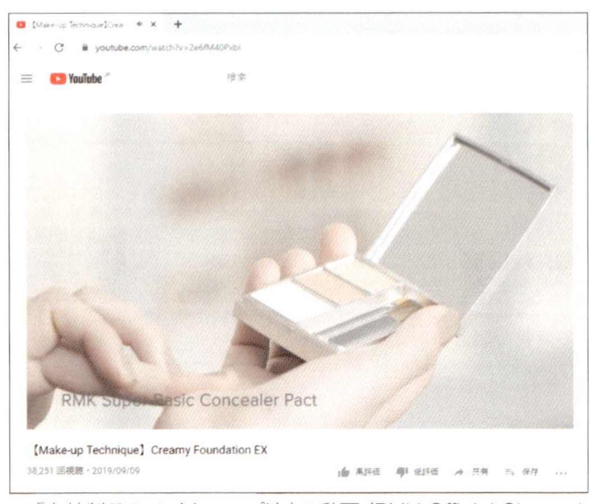


▲「自社製品のメイクアップ法」の動画（RMK Official Channel 化粧品メーカーRMK）。
https://www.youtube.com/watch?v=2e6fM40Pxbl

### 人材を募集する

職員募集などにもYouTubeを活用できます。普段新聞やテレビを見ない人たちにも呼びかけることができます。

宮崎市職員募集の動画（宮崎市公式チャンネル）
https://www.youtube.com/watch?v=QYgEk2chLVU

### 企業とユーチューバーがタイアップする

企業がユーチューバーと組んで、商品の使用感を紹介するケースが増えています。独特な動画で宣伝することができ、テレビCMより低コストですみます。

ユーチューバーと企業がタイアップした動画（はじめしゃちょー＆タカラトミー「リズモ」）
https://www.youtube.com/watch?v=a1UNAHeG97g

### 商品やサービスなどの動画コンテストを開催する

企業や団体が動画コンテストを開催することもあります。一般の人が作成した動画は一味違うので注目されます。

神奈川観光動画コンテスト（かなチャンTV　神奈川県公式）
https://www.youtube.com/watch?v=4P-xJvJBnl4

## 他サービスやアプリにも活用できる

### ●ブログ

ブログの記事にYouTube動画を埋め込むことができます。この方法なら、普段YouTubeを利用していない人にも見てもらえます（SECTION 03-19）。

### ●SNS

TwitterやFacebookなどのSNSにYouTubeの動画を入れられます。SNSを使うと拡散されて多くの人に見てもらえます（SECTION 03-19）。

### ●プレゼンのスライド

プレゼンテーションファイルに埋め込んでプレゼンで活用できます（SECTION 03-20）。

### YouTubeでサポートされているブラウザー

パソコン版YouTubeでサポートされているブラウザーは、最新版の「Chrome」「Microsoft Edge」「Safari」「Opera」「Firefox」です。なかでも、同じGoogleのサービスである「Chrome」を使うと、拡張機能が使えるのでおすすめです。Chromeは、https://www.google.com/chrome/にアクセスしてダウンロードできます。なお、本書ではChromeで解説しています。

Chapter

# 02

# スマホやパソコンで動画を視聴しよう

誰でも簡単に動画を見られるYouTubeですが、一工夫すると効率よく視聴することができます。仕事中で時間がないときには後で見られるように登録しておいたり、アイデアとして使えそうな動画を再生リストとしてまとめたりなど、便利な機能がいくつもあります。この章では、視聴に関するさまざまな機能を紹介するので参考にしてください。ライブ動画やVR動画、有料動画の視聴方法についても紹介します。

02-01
SECTION

# スマホでYouTubeを使うには

## スキマ時間に動画を楽しめるスマホとYouTubeアプリは相性抜群

仕事の休憩時間や通勤電車の中で動画を見たいこともあるでしょう。スマホに「YouTubeアプリ」を入れておけば、わざわざブラウザーでアクセスしなくてもすぐに見ることができます。YouTubeアプリで登録した動画や履歴はパソコンでも使えるので、時間がないときには、家に帰ってからパソコンでゆっくり見るといったことが可能になります。

### YouTubeアプリをダウンロードする

**1** iPhoneの「App Store」で「検索」をタップし、検索ボックスに「YouTube」と入力して検索する。Androidなど最初からインストールされている場合は手順3へ進む。

**2** 「入手」をタップしてインストールする。

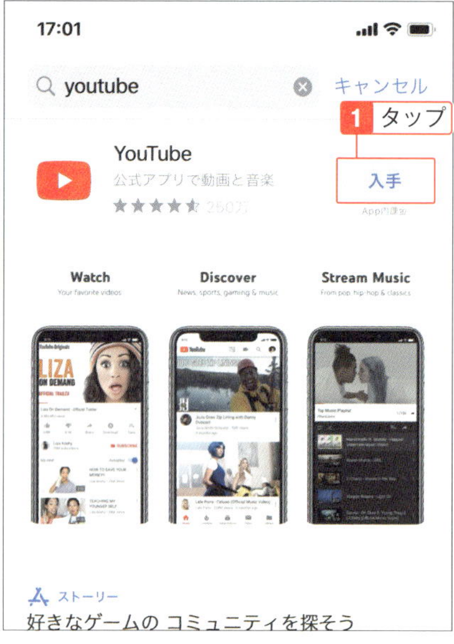


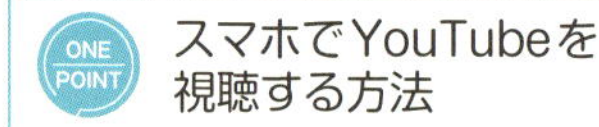


**スマホでYouTubeを視聴する方法**

スマホでYouTube動画を見るには、ここでのように「YouTube」アプリを使う方法と、「Chrome」などのブラウザーアプリでYouTube（https://www.youtube.com）のページにアクセスして使う方法があります。

3 ホーム画面にある「YouTube」アイコンをタップ。

4 YouTubeアプリが起動する。「○○(ユーザー名)として続行」をタップ。複数のアカウントがある場合は使用するアカウントをタップ。

### 新たにアカウントを作成する場合

新たにアカウントを作成する方法は、SECTION 02-15で説明します。

### パソコンでYouTubeを使うには

Googleのサイト(https://www.google.co.jp/)画面右上の をクリックし、「YouTube」をクリックするか、https://www.youtube.comに直接アクセスします。

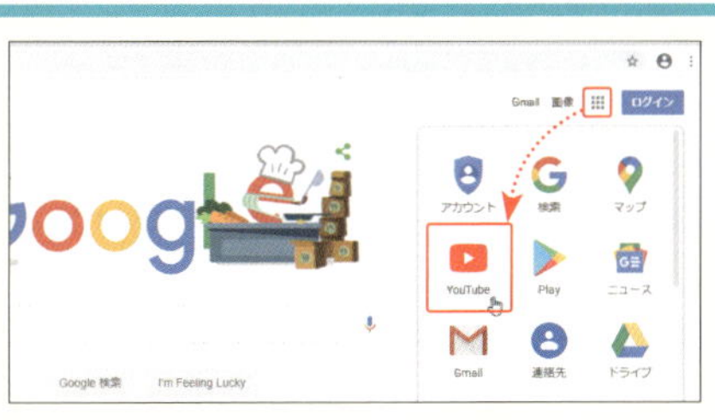

02 スマホやパソコンで動画を視聴しよう

02-02
SECTION

# YouTubeの画面構成

## スマホの「YouTube」アプリの画面

❶ ：タップして動画をアップロードする

❷ ：タップするとキーワード検索ができる

❸ **アカウントアイコン**：マイチャンネルや設定画面を表示する（ログインしている場合に画像が表示される）

❹ **画面中央**：動画が一覧表示される

❺ **ホーム**：YouTubeの最初の画面を表示する

❻ **探索**：急上昇や音楽、ゲームなどカテゴリで動画を探せる

❼ **登録チャンネル**：登録しているチャンネル一覧が表示される

❽ **受信トレイ**：コメントがあったときなどに通知が表示される

❾ **ライブラリ**：履歴や後で見る動画、アップロードした動画を見られる

## パソコンの「YouTube」の画面（Google Chrome）

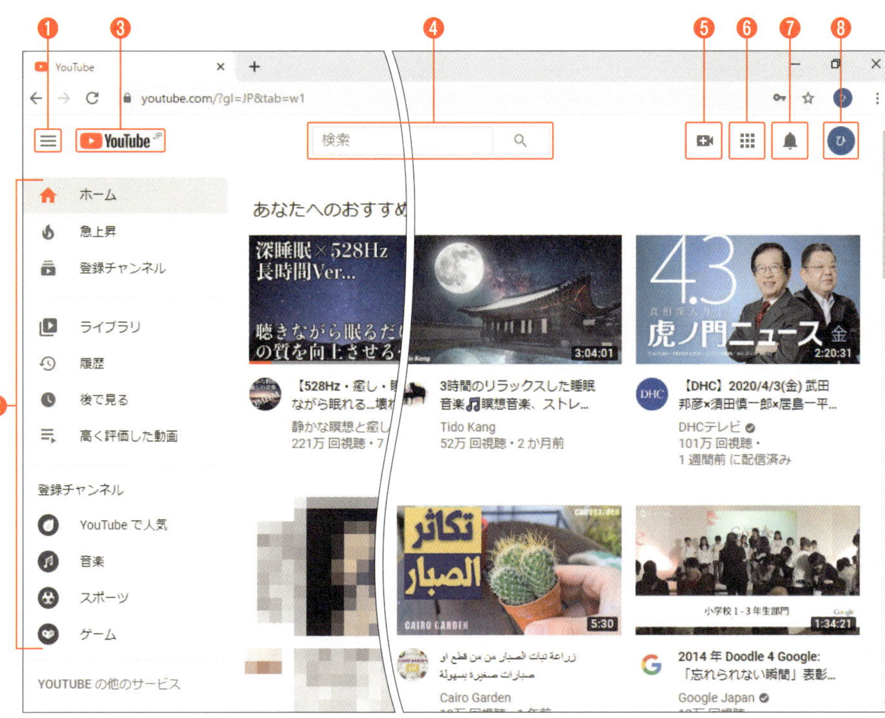


❶ ☰：メニューの表示/非表示を切り替える

❷ **左側メニュー**：急上昇や履歴などから動画を選べる。登録チャンネルを見るときにも使う

❸ YouTube：YouTubeのトップページを表示する

❹ **検索ボックス**：ここにキーワードを入力して動画を検索する

❺ **作成**：動画の投稿、ライブ配信ができる

❻ **YouTubeアプリ**：YouTube関連のアプリを使える

❼ **通知**：クリックすると通知を見られる

❽ **アカウントアイコン**：チャンネル、YouTube Studio、設定などを使う時にクリックする

02-03 SECTION

# 見たい動画を再生する

## スマホでもパソコンでも再生の操作は基本的に同じ

取引先の会社が新商品の動画をYouTubeに載せていると聞いたとき、わざわざURLを聞かなくても会社名や商品名で検索すれば動画が見つかります。目的の動画が見つかったら、再生するだけです。このSECTIONでは、「検索」「再生」「前の画面に戻る」といった1本の動画を視聴するまでの基本操作について説明します。

### 動画を検索する

1 スマホのYouTubeアプリの画面で🔍をタップ。

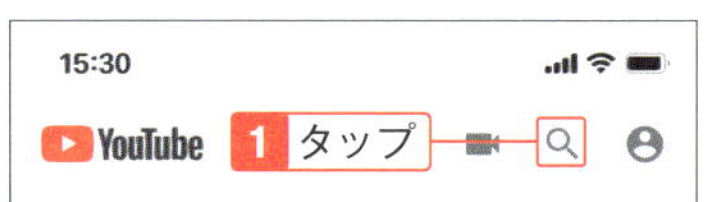


2 検索ボックスにキーワードを入力し、「検索」をタップ。

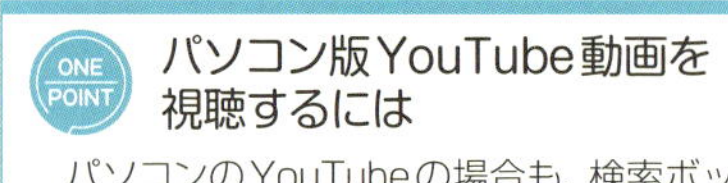


**パソコン版YouTube動画を視聴するには**

パソコンのYouTubeの場合も、検索ボックスにキーワードを入力し、「Enter」キーを押すと検索結果が表示されます。

3 検索結果が表示されたら動画をタップ。

4 動画が再生される。

**5** 画面上をタップし、停止するときは画面中央をタップ。

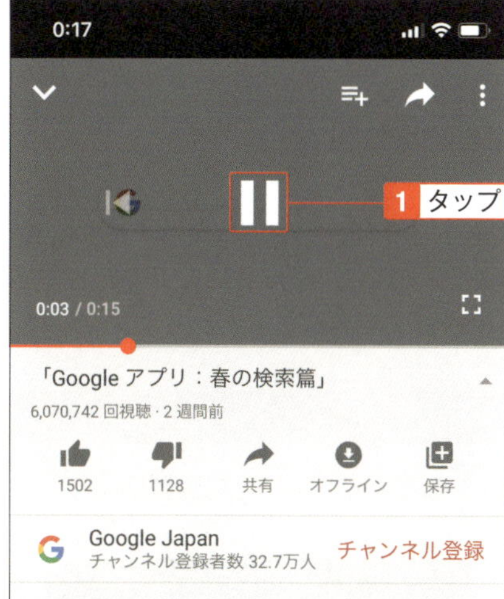

## 再生中に少し前に戻るには

画面の右側をダブルタップすると10秒先を再生できます。反対に左側をダブルタップすると10秒前を再生します。

**6** 画面上をタップし、左上の「V」をタップ。

**7** 前の画面に戻る。下部に今見ていた動画が小さく表示されているので、再度見る場合はタップして開ける。終わりにする場合は下方向へスワイプするか「×」をタップする。

## 背景を黒くして視聴するには

既定では背景が白ですが、黒にすることもできます。右上のアカウントアイコンをタップし、「設定」(Androidの場合は「設定」➡「全般」)をタップします。「ダークテーマ」をオンにします。パソコン版YouTubeの場合もアカウントアイコンから「ダークテーマ」をクリックしてオンにすれば黒の背景になります。

02 スマホやパソコンで動画を視聴しよう

02-04
SECTION

# 画質を下げて視聴する

## 電波状況が悪く、再生が遅くてイライラする場合にも

動画を視聴していたら、通信制限がかかってしまい、仕事に支障が出てしまったというのでは困ります。そのような場合は、動画の画質を下げれば通信量を抑えられます。YouTube動画の画質はデフォルトでは「自動」になっていて、通信環境に応じて画質が調整されます。はじめから通信量を抑えたい場合には手動で画質を下げてみましょう。

### 低画質にする

1 動画上をタップし、右上の⋮をタップ。「画質」をタップ。

2 数値が小さいほど低画質になる。

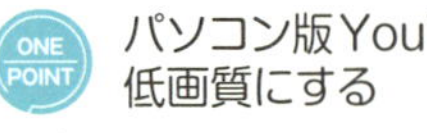
ONE POINT パソコン版YouTubeで低画質にする

パソコンのYouTubeの場合は、動画の下にある⚙をクリックし、「画質」をクリックして選択します。

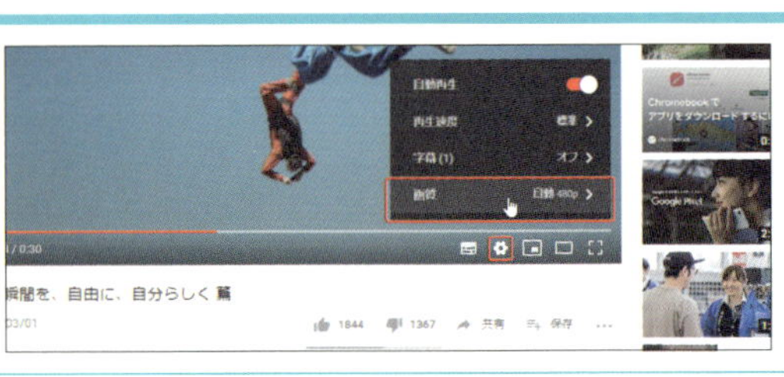

# 画面全体に動画を表示する

## 全画面表示にするかどうかで、見やすさがかなり違う

スマホを縦向きにしていると、動画の表示領域が狭いため見づらく感じます。そのようなときは、全画面表示にして横向きにすれば、スマホの画面いっぱいに表示されるので見やすくなります。画面回転ロックの解除をせずに、スマホを動かしても横向きのままなので便利です。

### 全画面表示にする

1 (全画面) ボタンをタップ。

2 画面いっぱいに表示される。をタップすると元のサイズに戻る。

**ONE POINT** パソコン版YouTubeで画面を大きくするには

パソコンのYouTubeの場合は、右下にある (シアターモード) をクリックすると画面を大きく表示でき、(全画面) をクリックすると動画以外の部分を非表示にして画面いっぱいに表示できます。元に戻す場合は、(全画面モードの終了) をクリックします。

▲シアターモード

▲全画面モード

# 人気上昇中の動画を見る

## 観光の人気スポットも、近年はYouTube発が多い

YouTubeの動画が話題になって、流行につながることがしばしばあります。新企画のアイデアを探していたり、ビジネスチャンスを狙っている場合、もしかしたらYouTubeの人気動画からヒントが見つかるかもしれません。今人気のある動画は「急上昇」として一覧にあるので、定期的にチェックしてみるとよいでしょう。

### 急上昇の動画一覧を表示する

**1** 「探索」をタップし、「急上昇」をタップ。動画を開いている場合は、ホーム画面または動画一覧（SECTION 02-03の手順6、7）に戻しておく。

**2** 人気急上昇の動画一覧が表示される。

**ONE POINT**

**パソコン版YouTubeで急上昇の動画を見るには**

パソコンのYouTubeの場合は、画面左側のメニューにある「急上昇」をクリックして一覧を表示できます。

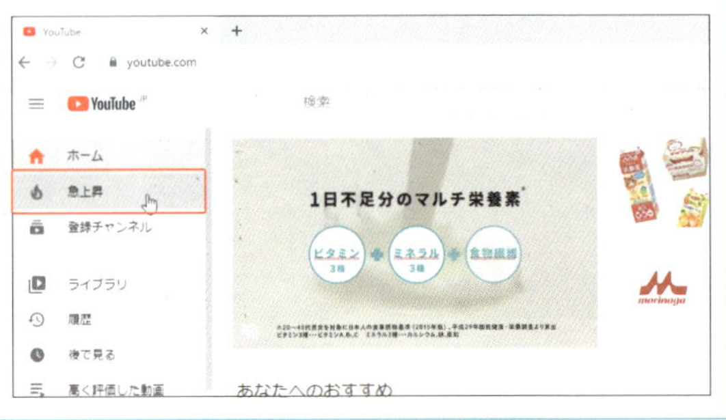

# 2倍速で動画を見る

## 特定の箇所だけ見たかったり、全体をざっと把握したいときに

YouTubeの動画は、早送りで再生することもできます。「急いで動画の内容を把握したいとき」や「仕事が忙しくて時間がない」といったときに、倍速で再生してみましょう。2倍速にすれば、半分の時間で見ることができます。反対に、速すぎて見えなかった場面をじっくり見たいときには、ゆっくり再生することもできます。



### 再生速度を上げる

**1** 動画上をタップし、⋮をタップして「再生速度」をタップ。

**再生速度**

再生速度は、「1.25倍速」「1.5倍速」「2倍速」を選択すると標準速度より速く再生され、「0.25倍速」「0.5倍速」「0.75倍速」を選択するとゆっくり再生されます。

**2** 「2倍速」をタップ。

**元の速度に戻すには**

元の速度に戻すには、手順2の画面で「標準」を選択します。

02-08
SECTION

# 特定の単語を除いて動画を検索する

## 汎用的なテーマやアップする人が多そうな動画を探す場合に

例えば、「オリンピック」だけで検索していると、いろいろなオリンピックの動画が検索結果に表示されます。リオオリンピックの動画が不要な場合は、「リオ」という単語を除外して検索すれば、リオオリンピックの動画は検索結果に表示されません。時間を短縮するためにできるだけ絞り込んで探しましょう。

### 「-」を使って検索する

**1** SECTION 02-03の手順1のように、🔍をタップする。キーワードを入力した後、スペースを入力。

**検索ボックスの活用**

検索ボックスは、キーワードを入力して動画を検索できるボックスですが、一工夫するとより精度の高い検索結果になります。

**2** 半角のマイナス「-」を入力する。次のキーワードを入力する。「検索」(Androidの場合は🔍)をタップすると、特定の単語を除いた検索結果が表示される。

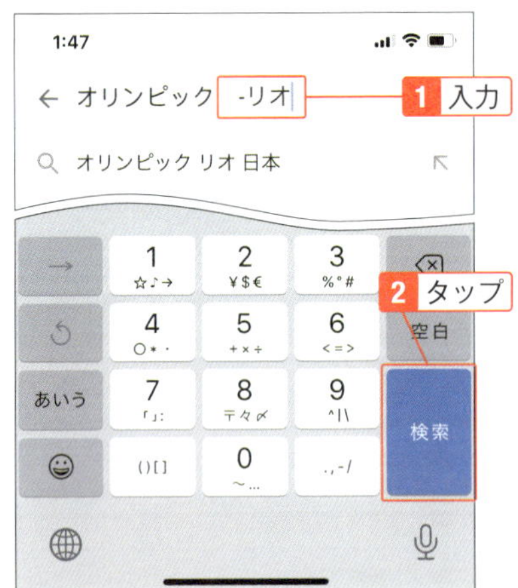

**複数の単語で成り立つキーワードで検索するには**

たとえば、「海外で活躍する日本人」の動画を見たい時、検索すると「日本人」のさまざまな動画が表示されます。複数の単語で成り立つキーワードで検索する場合は「""」で囲んで入力します。

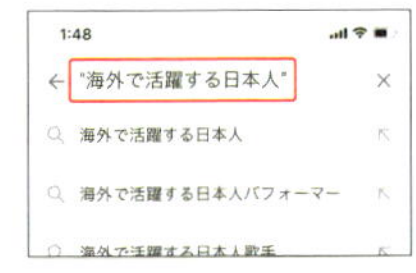

# 今日投稿された動画を探す

## 旬の話題の、最新情報を見逃したくない時に

動画を検索すると、最近投稿された動画が埋もれていてなかなか見つからないことがあります。そのようなときは、検索フィルタを使ってアップロード日が「今日」の動画を探してみましょう。キーワードと組み合わせて使えば、探していた動画だけでなく、とっておきの最新情報も見つかるかもしれません。



### アップロード日を指定する

**1** 検索結果を表示した画面で（SECTION 02-03の手順3）、☷をタップ。

**2** 「アップロード日」の「今日」をタップして、左上の「←」をタップ(Androidの場合は「アップロード日」をタップして「今日」を選択し、「適用」をタップ）すると、24時間以内に投稿された動画一覧が表示される。

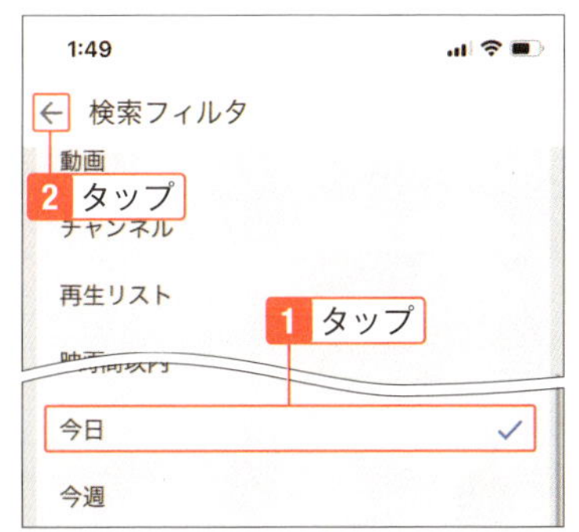


### ONE POINT パソコン版YouTubeで今日投稿された動画を探すには

パソコンの場合は、左上の「フィルタ」をクリックして、「今日」をタップします。

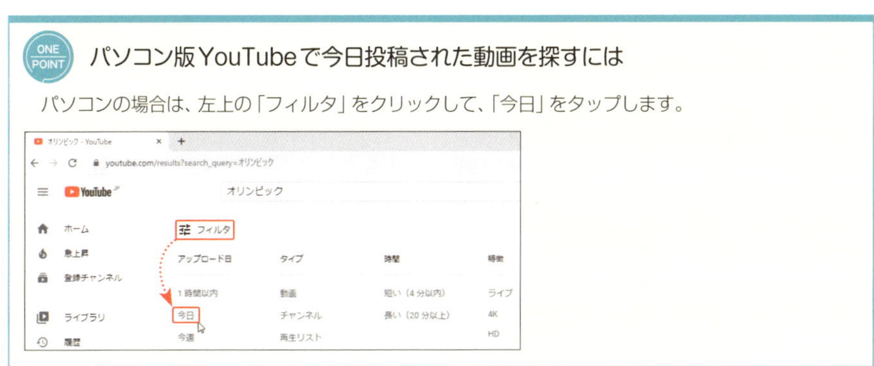

02-10
SECTION

# 時間が短い動画を探す

## 調べたいテーマについて、概要だけ急ぎで知りたいときに

仕事が忙しいときは時間がないので、動画をゆっくり見ることができません。「特定の情報を知りたいとき」「商品の使い方を知りたいとき」などは、短時間の動画を探してみましょう。検索フィルタを使えば短い動画だけを探すことができます。4分未満であればそれほど時間を取られることはないでしょう。

### 動画の長さを指定する

**1** 検索結果を表示した画面で（SECTION 02-03の手順3）、☷をタップ。

**2** 「動画の長さ」の「短い（4分未満）」をタップし、左上の「←」をタップ（Androidの場合は「時間」をタップして「短い」を選択し、「適用」をタップ）。

### パソコン版YouTubeで短時間の動画を探すには

パソコンの場合は、左上の「フィルタ」をクリックして、「短い（4分以内）」をクリックします。

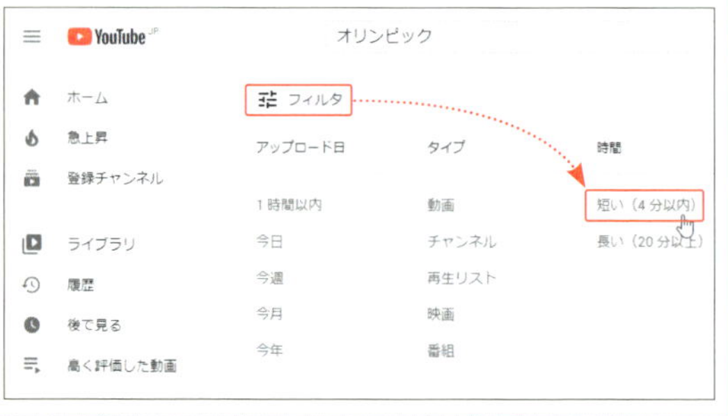

# 02-11 SECTION

# 特定の単語が含まれたタイトルの動画を探す

## 再生回数稼ぎ目的の、無関係な動画を無駄に見なくて済む

検索ボックスに単語を入力すると、タイトル、説明、タグなどの文字からその単語を検索します。まれに投稿者が視聴回数を増やすために内容と違うタグを付けていて、的外れの動画が検索結果に出てくることがあります。そこで、タイトルだけに絞って検索すれば、予想外の動画が表示されなくなります。



### 「intitle:」を使って検索する

**1** YouTubeのホームで、🔍をタップ。

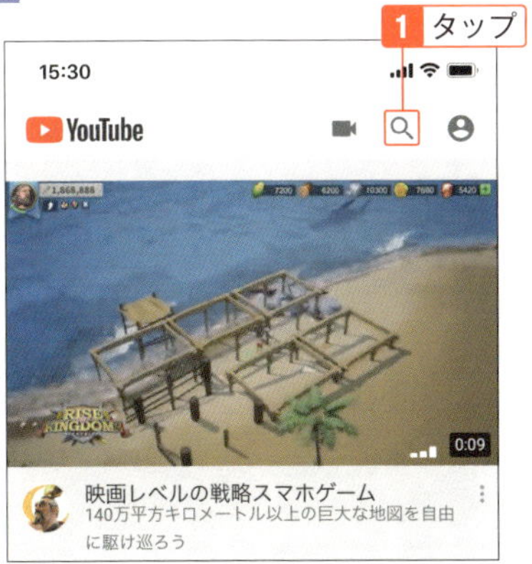


**2** 「intitle:」と入力し、単語を入力し、「検索」をタップ。

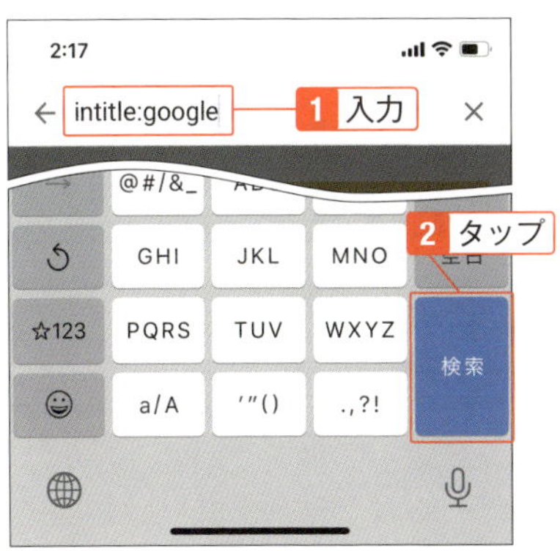


**3** 特定の単語が含まれたタイトルの動画が表示される。

**タイトルを検索する**

タイトルのキーワードを検索する場合は、「intitle:」を入力した後に単語を入力して検索します。

02-12
SECTION

# 動画の順序を並べ替える

## 同じテーマで「新しい順」でも「人気順」でも動画を探したいとき

仕事のアイデアは、新しい情報から生まれることが多々あります。最新の動画をチェックすれば、まだ他の人に知られていない情報が見つかるかもしれません。そこで、検索するときに、アップロードした日の順番に並べ替えてみましょう。同様に、評価順や視聴回数順でも並べ替えられるので試してください。

### アップロード日で並べ替える

**1** 検索結果を表示した画面で（SECTION 02-03の手順3）、右上の☷をタップ。

**2** 「並べ替え」の「アップロード日」をタップし、左上の「←」をタップ（Androidの場合は「並べ替え」をタップして「アップロード日」を選択し、「適用」をタップ）。

**3** アップロード日順で並べ替えた。

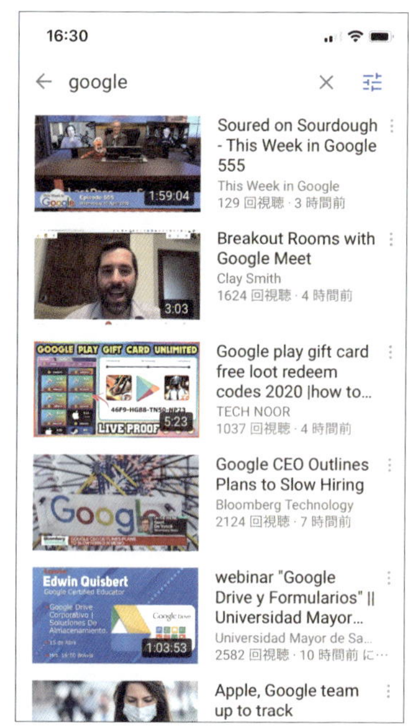


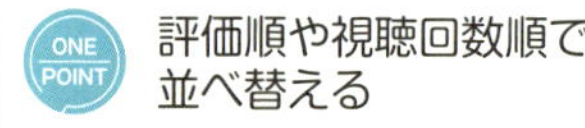


手順2の画面で「評価」または「視聴回数」をタップして並べ替えることができます。パソコンの場合は、「フィルタ」をクリックして、「評価」または「視聴回数」をクリックします。

02-13
SECTION

# 投稿者の他の動画を見る

## 気になる投稿者の動画をまとめて見たいときに

興味のある動画、面白い動画があったら、その投稿者の他の動画も見たくなるはずです。わざわざ検索しなくても、投稿者のチャンネルページにアクセスすれば、投稿動画の一覧が表示され、過去の動画も遡って視聴することができます。テーマを決めて投稿している人も多いので、目的の情報が見つかるかもしれません。

### 投稿者のチャンネルページを表示する

**1** 投稿者のチャンネルアイコンをタップ。

**2** 投稿者のチャンネルページが表示され、アップしている動画が一覧表示される。動画をタップして視聴できる。

### チャンネルとは

チャンネルは、各ユーザーが持つことができる動画の発信元です。動画の視聴だけなら自分のチャンネルがなくてもできますが、投稿する場合はチャンネルの作成が必要です。詳しくはChapter4で説明します。

02-14
SECTION

# アカウントを取得するとできること

## アカウントが無いと投稿できず、リストやチャンネルも使えない

アカウントを取得しなくてもログインしなくても、YouTubeの動画を検索して視聴することができます。ですが、YouTubeを頻繁に利用するのなら、やはりアカウントを使った方が断然使いやすいです。この後のSECTIONでいろいろな機能を解説しますが、まずはアカウントを使うとどのようなことができるのかを説明します。

### 動画へのコメント

動画にコメントを付けることができます。動画を見た感想を入力したり、他の人のコメントに返信したりなどができます（SECTION 02-25）。

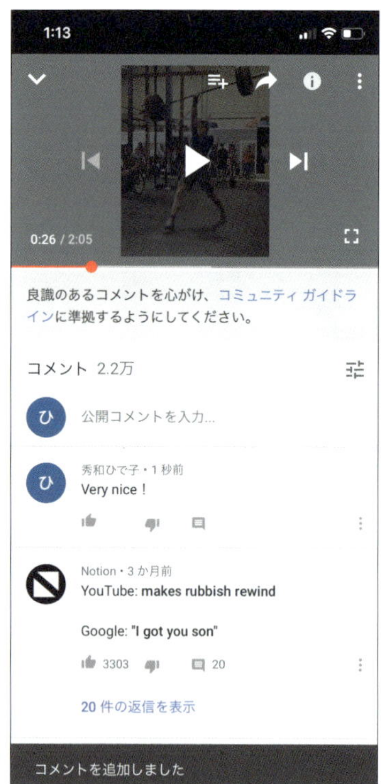


▲動画の感想を書き込める

### 履歴や後で見る動画を登録

過去に見た動画を見ることができます。また、ゆっくり見たい動画を登録しておき、後で視聴することができます（SECTION 02-17、18）。

▲履歴一覧から動画を開くことができる

▲登録しておいた動画を後でゆっくり見ることができる

## 再生リストの作成

動画をひとまとめにしたリストを作成できます。再生リスト内の動画を繰り返し再生したり、他の人と共有したりすることも可能です（SECTION 02-19）。

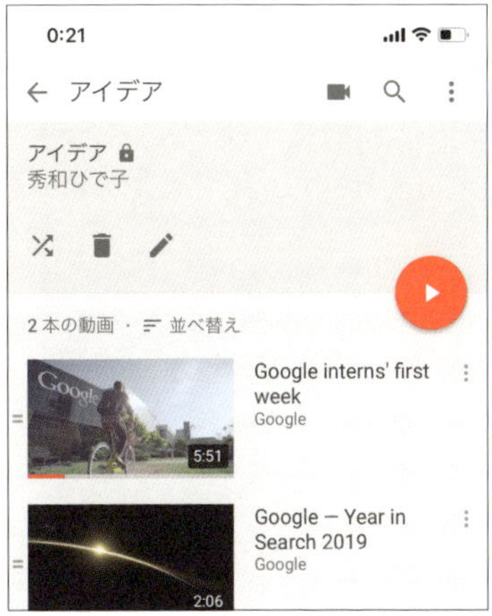


▲動画をひとまとめにしておくことができる

## 動画の投稿

動画の視聴はアカウントがなくてもできますが、自分が撮影した動画をYouTubeに載せたいときにはアカウントが必要です（SECTION 03-03、04）。

▲動画を投稿できる

## チャンネルの登録

気に入ったチャンネルを登録しておくことができ、新しい動画が投稿された時にすぐに視聴できます（SECTION 04-03）。

▲気に入ったチャンネルを登録できる

## チャンネルの作成

自分のチャンネル画面を作成できます。投稿した動画や再生リストを他の人に見てもらうことができます（SECTION 04-04）。

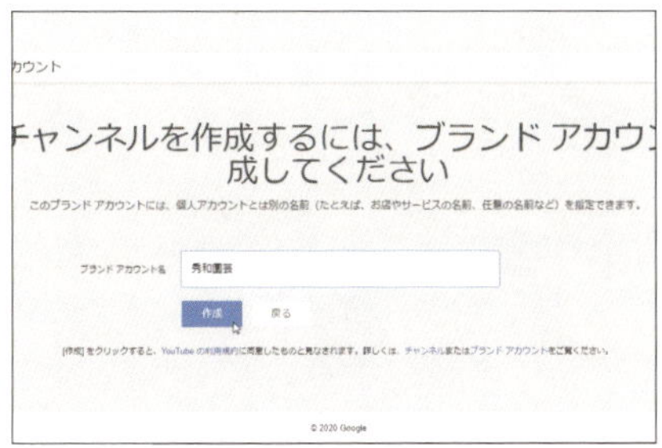


▲チャンネルを作成できる

02 スマホやパソコンで動画を視聴しよう

# アカウントを追加する

## アカウント無しでも使えるが、活用したかったらアカウント取得は必須

SECTION 02-14のように、アカウントを取得するとYouTubeの便利な機能を使えるようになります。まだアカウントを持っていない場合は、このSECTIONの解説を見ながら作成しましょう。Androidスマホの場合は、すでに使用しているGoogleアカウントを使うことができますが、新たなアカウントで使いたい場合には、ここでの操作をおこなってください。

### アカウントを作成する

**1** 右上のアカウントアイコンをタップ。パソコンの場合は、https://accounts.google.com/SignUpにアクセスして作成する。

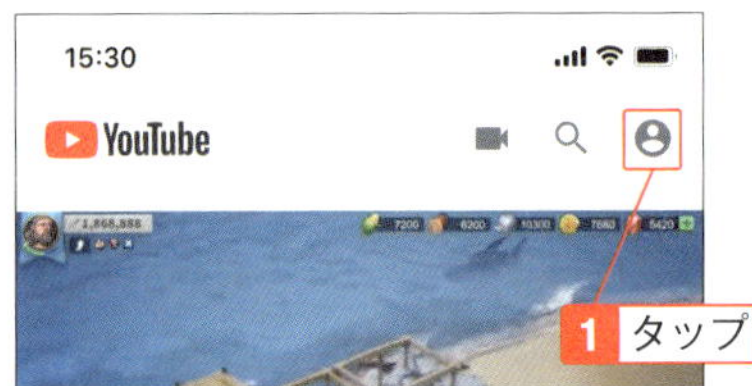


**2** 「ログイン」をタップ。

**3** 「アカウントを追加」(Androidの場合は「アカウントを切り替える」をタップして上部の「+」)をタップ。このときgoogle.comの使用許可についてのメッセージが表示されたら「続ける」をタップ。

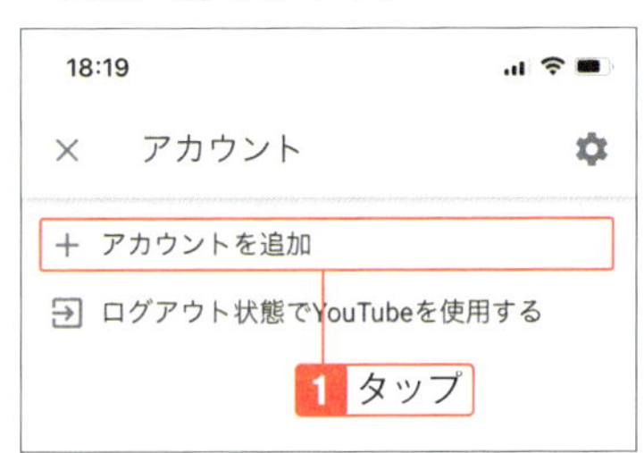


**ONE POINT 取得済みのアカウントを使う場合**

取得済みのGoogleアカウントを使用する場合は、手順3でアカウントをタップします。

**4** 「アカウントを作成」をタップし、「自分用」をタップ。

**5** 姓名を入力し、「次へ」をタップ。

**6** 生年月日と姓別を設定して「次へ」をタップ。

**7** メールアドレスの候補が表示されるのでタップして選択。他の文字にしたい場合は「自分でGmailアドレスを作成」をタップして入力する。

**8** 2か所にパスワードを入力して「次へ」をタップ。

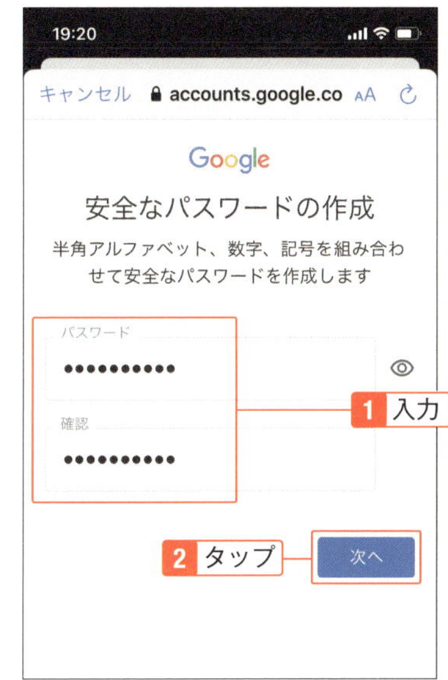

**9** 電話番号を入力し、「はい、追加します」をタップ。

**10** SMSで送られてきたコードを入力し、「次へ」をタップ。

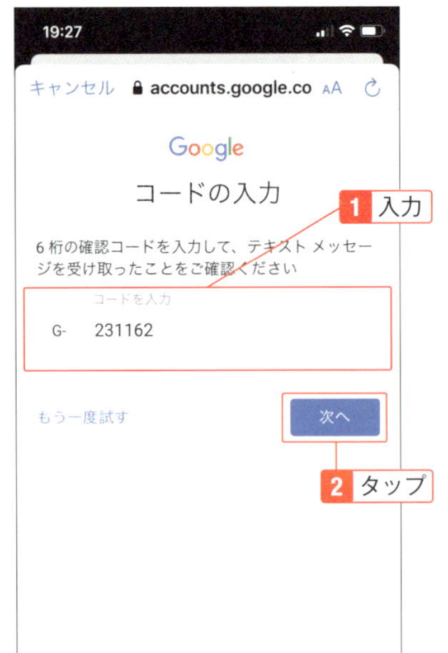


**11** 「次へ」をタップ。

**12** 「同意する」をタップ。

**13** 興味のあるトピックがあればチェックを付けて「続行」をタップ。ここでは「いいえ」をタップ。

**14** YouTubeのトップ画面が表示される。

## アカウントを切り替える

**1** 右上のアカウントアイコンをタップ。

**2** 「アカウントを切り替える」をタップ。

**3** 別のアカウントをタップ。

02 スマホやパソコンで動画を視聴しよう

02-16
SECTION

# アカウントをログアウト・ログインする

## スマホではほとんどの場合、常時ログインした状態になる

「YouTubeのログイン・ログアウトの方法がわからない」という人のためにここで説明します。ただし、基本的にアカウントは、ログインしたままで大丈夫です。履歴を残さないで視聴したいときやおすすめ動画を表示させたくない（人に見られたくない）など、特別な場合のみログアウトして使います。

## ログアウトする

**1** 右上のアカウントアイコンをタップ。

**ONE POINT シークレットモードとは**

手順2の画面で「シークレットモードをオンにする」をタップすると、ログアウトと同じように、履歴やコメントなどを使わない状態でYouTubeを閲覧できます。Androidの場合はログアウトがないのでシークレットモードを利用するとよいでしょう。

**2** 「アカウントを切り替える」をタップ。

**3** 「ログアウト状態でYouTubeを使用する」をタップ。

## ログインする

**1** 右上のアカウントアイコンをタップ。

**2** 「ログイン」をタップ。

**3** アカウントをタップするとログインできる。

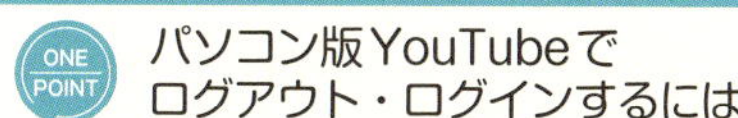

### ONE POINT パソコン版YouTubeでログアウト・ログインするには

パソコンの場合は、右上のアカウントアイコンをクリックし、「ログアウト」をクリックします。ログインする場合は、右上の「ログイン」をクリックします。パソコンをレンタルして使う場合は必須なので覚えておきましょう。

02 スマホやパソコンで動画を視聴しよう

02-17
SECTION

# 過去に見た動画から再生する

## どう検索して見つけたか、よく覚えていない場合に

「先週見た動画に気になることがあったので、もう一度見たい」と思ったとき、検索してもすぐに見つからないことがあります。そのようなときは、履歴をたどればその動画が見つかります。スマホとパソコンの両方の履歴が残るので、過去にスマホで見た動画をパソコンで再度見るといった使い方ができます。

### 履歴を表示する

**1** 「ライブラリ」をタップし、「履歴」をタップ

**2** 過去に見た動画一覧が表示される

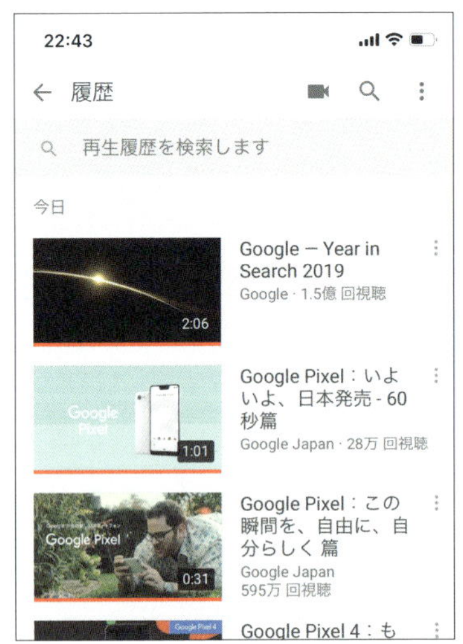


ONE POINT
### パソコン版YouTubeで履歴から再生するには

パソコンの場合は、左のメニューの「履歴」をタップすると一覧が表示されます。

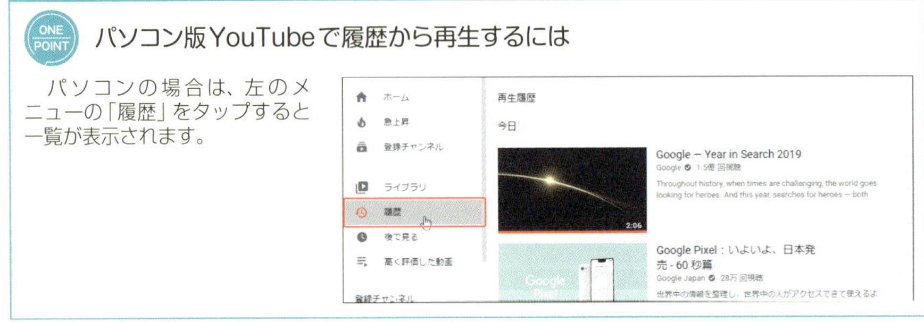

## 履歴を削除する

**1** 履歴一覧で、削除する動画の⋮をタップ。

**2** 「[再生履歴]から削除」をタップ。

**3** 履歴が削除される。

### すべての履歴を削除するには

すべての履歴を削除するには、手順１で上部の⋮をタップし「履歴の管理」➡「再生履歴を削除」をタップします。

### 履歴を停止するには

履歴を残すことを止めたい場合は、履歴一覧で、右上の⋮をタップし、「履歴の管理」➡「再生履歴を一時停止」をタップします。

02-18
SECTION

# 一旦リストに入れておき、後で再生する

## 気になる動画だが、再生リストに入れるほどでもないときに

目的の動画を見つけたけれど、今から打ち合わせがあるのでゆっくり見ていられないというときもあるでしょう。そのようなときは、「後で見る」として保存しておきましょう。そうすれば、家に帰ってからパソコンでゆっくり見ることが可能になります。見終わったら「後で見る」の一覧から削除することも簡単にできます。

### 動画を「後で見る」に追加する

**1** 「保存」ボタンを長押し。

**2** 保存した。

### 後で見るとは

後で見ようと思った動画を登録しておくことができます。時間がなくてゆっくり見られないときに便利です。スマホで「後で見る」として保存しておき、自宅のパソコンで見ることも可能です。

## 「後で見る」に追加した動画を見る

**1** 「ライブラリ」をタップし、「後で見る」をタップ。

**2** 動画をタップして視聴できる

### 「後で見る」から削除するには

「後で見る」に追加した動画を削除するには、手順2で削除したい動画の[⋮]をタップし、「[後で見る]から削除」をタップします。

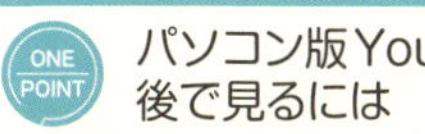

### パソコン版YouTubeで動画を後で見るには

パソコンのYouTubeの場合は、動画の下にある「保存」をタップして「後で見る」にチェックを付けます。

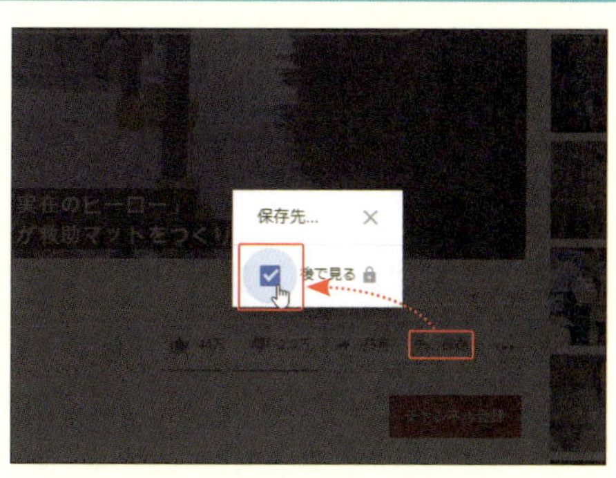

SECTION 02-19

# 再生リストに動画を登録する

## 「お気に入り」のような機能で、利用にはチャンネル作成が必要

複数のお気に入りの動画を何度も見たいときには、再生リストを使って動画をひとまとめにしましょう。また、複数の動画を他の人に見せたいときにも再生リストが役立ちます。再生リストを使うにはチャンネルが必要なので、まだ作成していない場合はチャンネル作成の操作が必要ですが、次回からはすぐにリストに追加できます。

### 再生リストを作成して動画を追加する

**1** 「保存」ボタンを長押しし、「新しいプレイリスト」をタップ

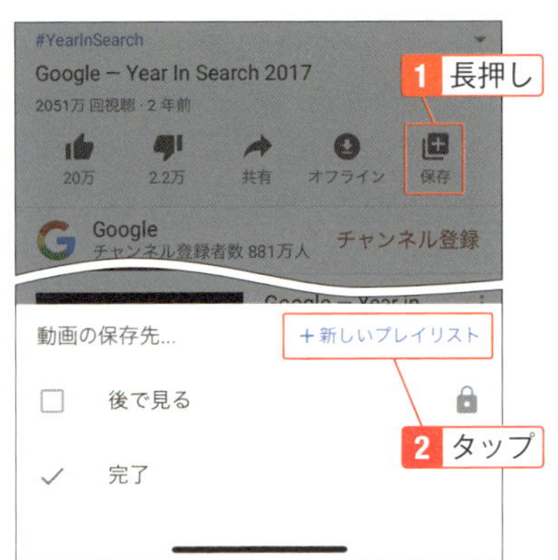

**再生リストとは**

再生リストとは、動画を集めて登録するリストのことで、プレイリストとも言います。気に入った動画を続けて見たいときや、複数の動画をまとめたものを誰かに紹介したいときに役立ちます。まだチャンネルを作成していない場合は、手順2の画面でチャンネルを作成する必要があります。

**チャンネル作成のメリット**

チャンネルを作成することで、気に入った動画や投稿した動画などを管理できます。詳しくはChapter04で説明します。

**2** チャンネルに利用する名前を入力し、「チャンネルを作成」をタップ。チャンネルを作成済みの場合はここは省略する。

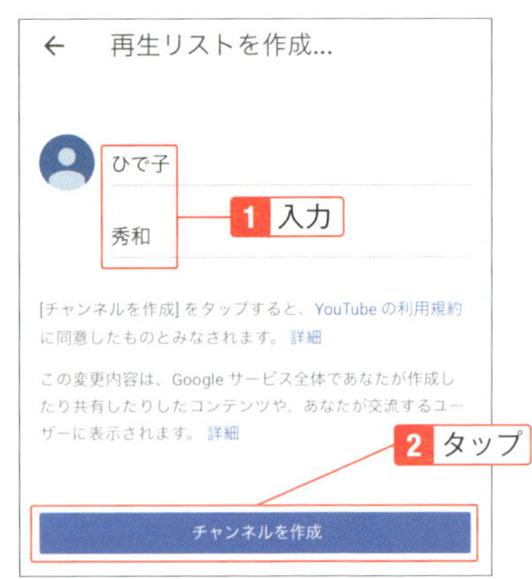


**3** 再生リストに付ける名前を入力。

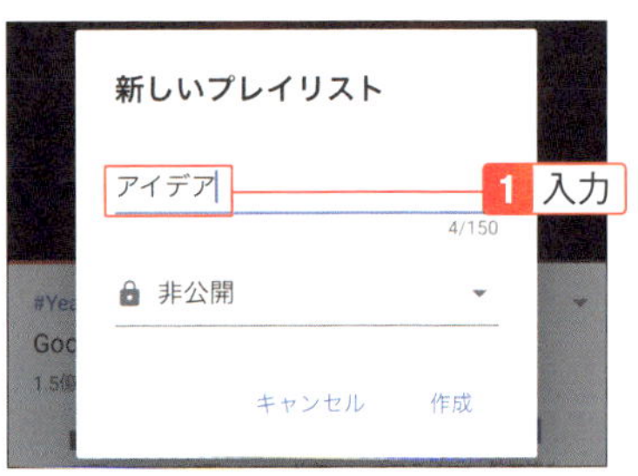

**4** 公開したくない場合は「非公開」を選択し、「作成」をタップ

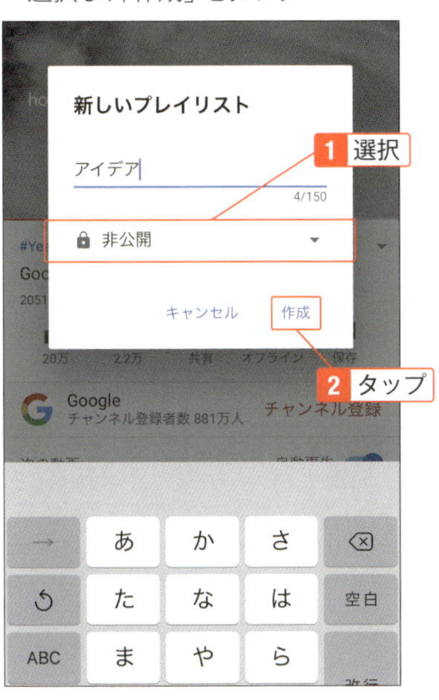

### 登録した動画を人に見られたくない

再生リストは、公開のままにしておくと、登録している動画が他の人に知られてしまいます。知られたくない場合は、「非公開」にしましょう。

### パソコン版YouTubeで再生リストを作成するには

パソコンのYouTubeの場合は、動画の下にある「保存」ボタンをクリックし、「新しいプレイリストを作成」を選択します。表示されない場合は、チャンネルを作成してから操作してください。

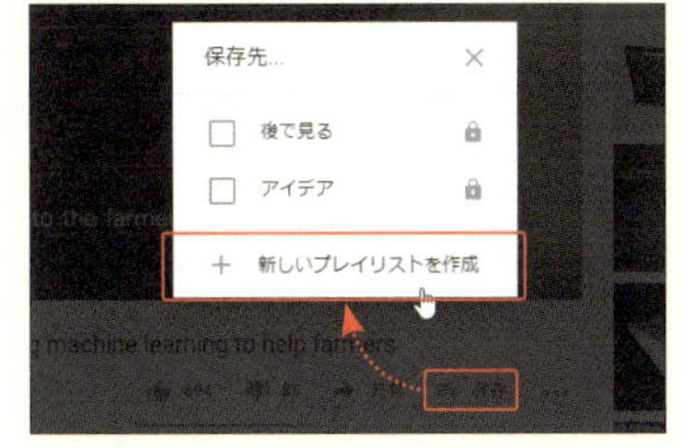


## 再生リストに動画を追加する

**1** 「保存」ボタンを長押し。

**2** 再生リスト名をタップ。

02-20
SECTION

# 再生リストの動画を見る

## 連続再生できるので、音楽を楽しみたい時にも便利

前のSECTIONで作成した再生リスト内の動画を見る方法を説明します。再生リストの動画をはじめから見るだけでなく、リスト内の特定の動画だけを見る方法もあるので説明しましょう。音楽の動画などは再生リストを使うと、いつでも好きな音楽を聞けるようになります。便利なので活用してください。

### 再生リストを表示する

**1** 「ライブラリ」をタップし、再生リスト名をタップ。

**2** 動画をタップ。

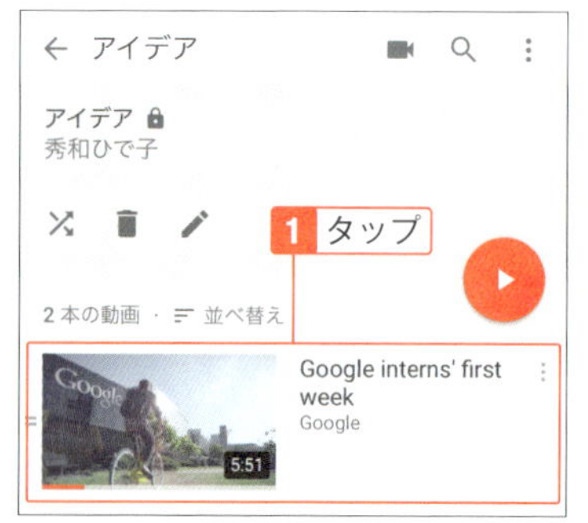


**3** 再生される。最後まで流れると自動的に次の動画が再生される。

**4** 動画の下にある▼をタップ。

**5** 別の動画をタップして再生できる。

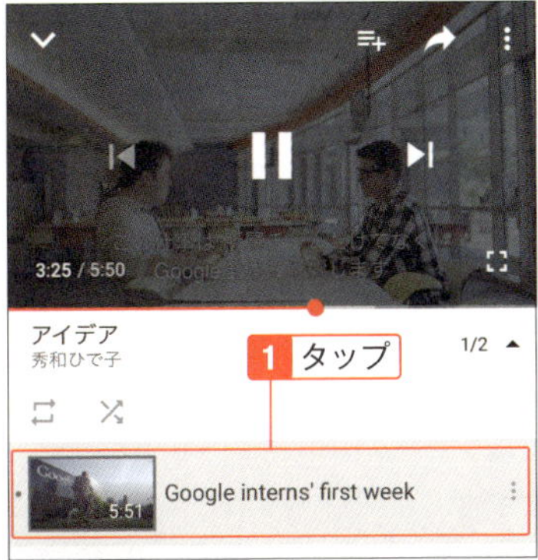


**6** 動画をタップし、左上の「V」をタップ。

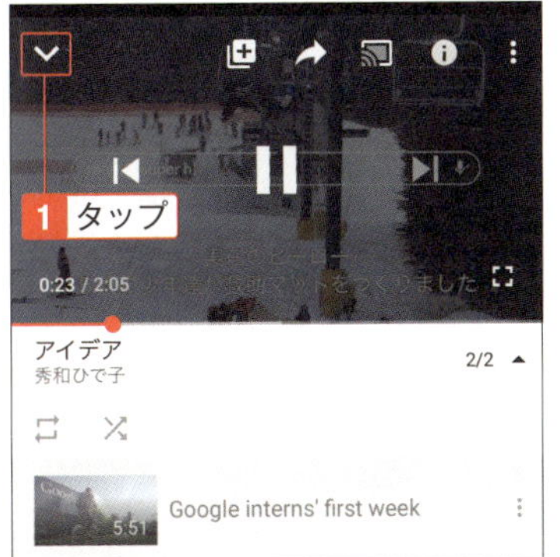


**7** 再生リストの一覧に戻る

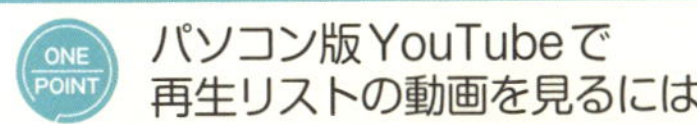

ONE POINT

## パソコン版YouTubeで再生リストの動画を見るには

左のメニューに再生リスト名があればクリックして表示できます。あるいは、左のメニューの「ライブラリ」をクリックすると再生リストが表示されます。

02-21
SECTION

# 再生リスト内の動画を並べ替える

## 新着順に並べつつ、任意の１本を最初にするなんてこともできる

再生リストの動画は追加した順に並んでいます。そのままでは、先に見たい動画がある場合や、新着順に見たい場合に不便です。そこで、動画を並べ替える方法を紹介しましょう。手動で好きな順に並べ替えることも、人気順や公開日順に並べ替えることもできます。並べ替えることでより快適に視聴できるので試してください。

### ドラッグで並べ替える

**1** 再生リストを表示させ(SECTION 02-20参照)、左端の≡をドラッグ。

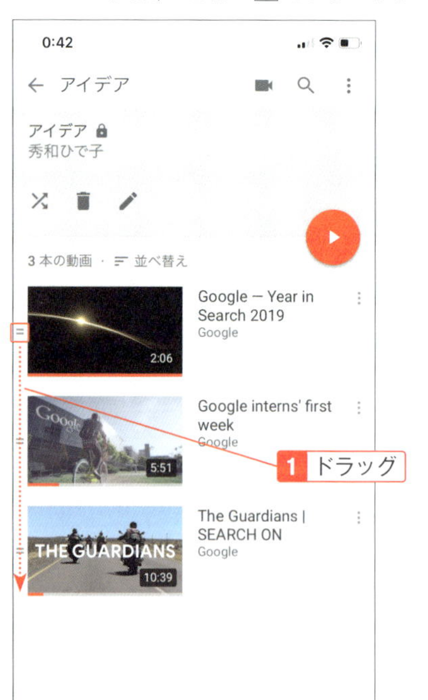


**2** 動画の順序を入れ替えた。

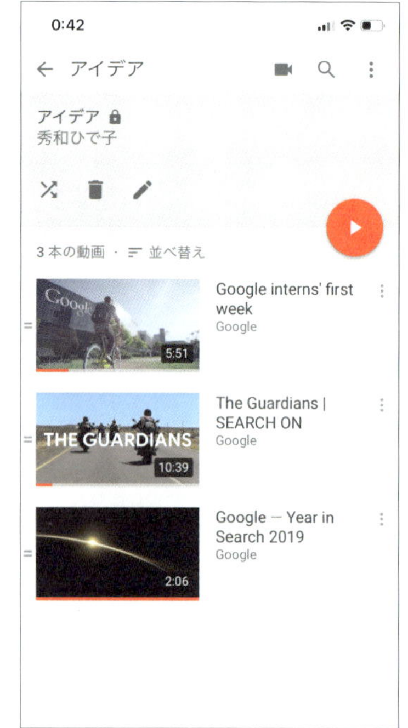

### 再生リストを削除するには

再生リストを削除する場合は、手順１の画面で🗑をタップして「削除」(Androidの場合は右上の⋮をタップして「再生リストを削除」)をタップします。

## 人気順に並べ替える

**1** 「並べ替え」をタップ。

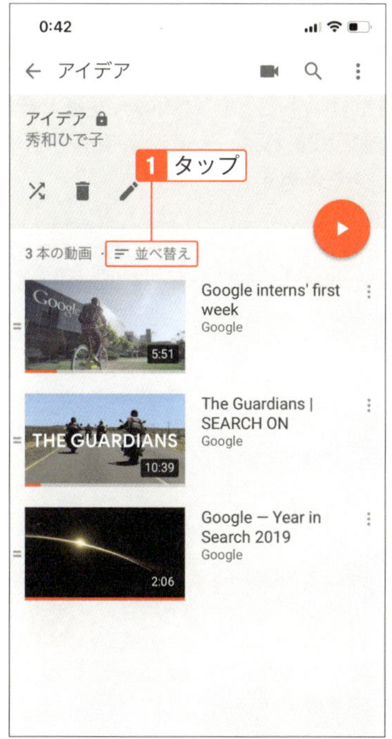


**2** 「人気順」や「公開日（新しい順）」などを選択すると並べ変わる。ここでは「人気順」を選択。

### ONE POINT パソコン版YouTubeで再生リストを並べ替えるには

パソコンの場合は、左側のメニューから再生リストをクリックし、上方向または下方向へドラッグします。または、上部の「並べ替え」をクリックし、「公開日」や「人気順」などを選択します。

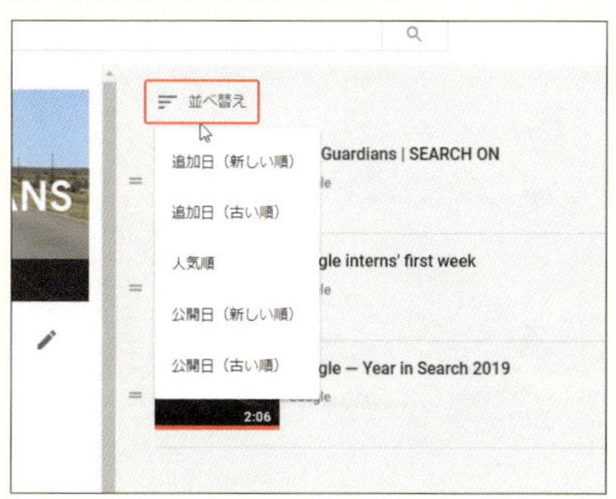

02-22
SECTION

# 再生リストの公開・非公開を変更する

## 自分だけで楽しみたいリストと、皆に見せたいリストを使い分けられる

デフォルトで再生リストを非公開の設定にしていても、特定の再生リストだけは公開したいということもあります。そのようなときは、再生リストごとに公開の設定をします。自分で投稿した動画をまとめた再生リストも公開設定にすれば、チャンネルページや動画の中で紹介して、たくさんの人に見てもらうことができます。

### 再生リストを公開する

1 「ライブラリ」をタップし、編集する再生リストをタップ。

2 [編集アイコン]をタップ。

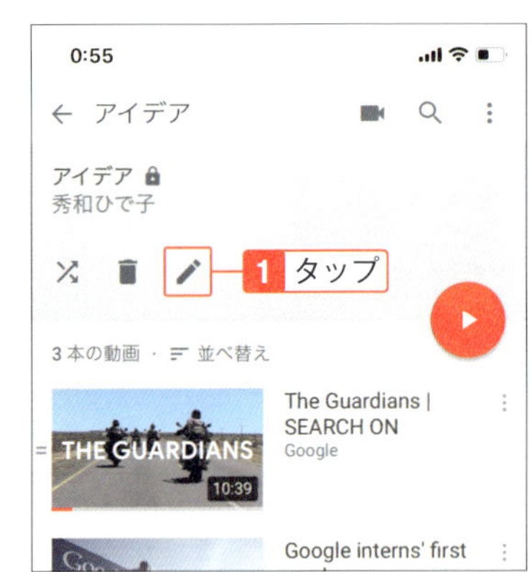


3 「プライバシー」をタップ。

**4** 「公開」をタップ。

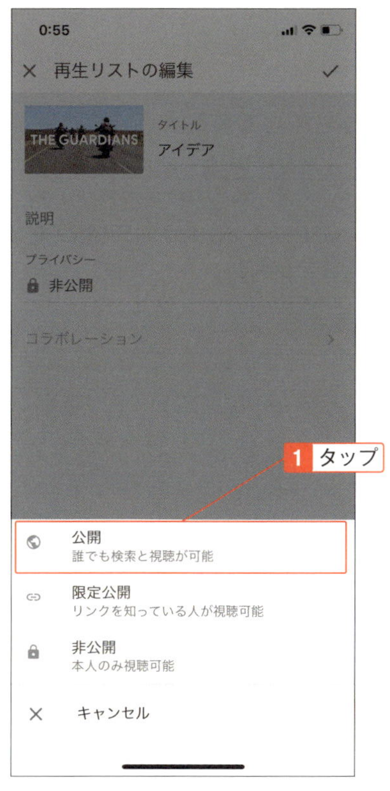


**5** 公開になったら☑（Androidの場合は▶）をタップ。

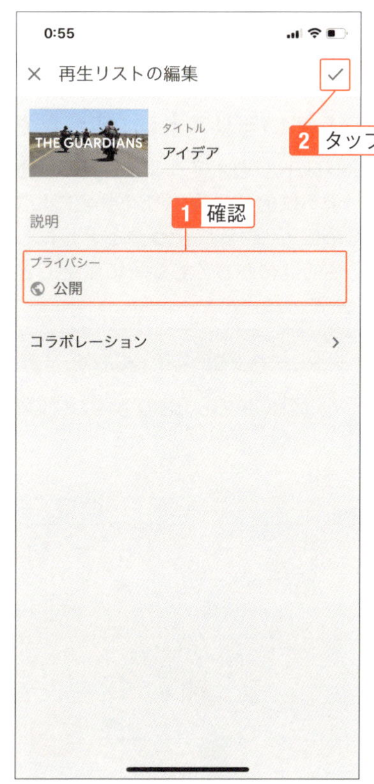


### ONE POINT パソコン版YouTubeで再生リストのプライバシーを変更するには

パソコンの場合は、左側のメニューから再生リストをクリックし、プライバシーの▼をタップして選択します。

02 スマホやパソコンで動画を視聴しよう

02-23
SECTION

# 再生リストのタイトルを変更する

## 公開しているリストは、皆が見たくなるよう名前を工夫しよう

再生リストが増えてくると、何の動画が入っているのかわからなくなります。そうならないように的確な再生リスト名にしておきましょう。また、再生リストを見てくれる人のためにも、内容に合うタイトルにしておくとよいでしょう。再生リストの作成時に付けた名前は後からでも簡単に変更できるのでここで説明します。

### 再生リストのタイトルを変更する

**1** SECTION 02-22の手順2と同様に、✎をタップ。

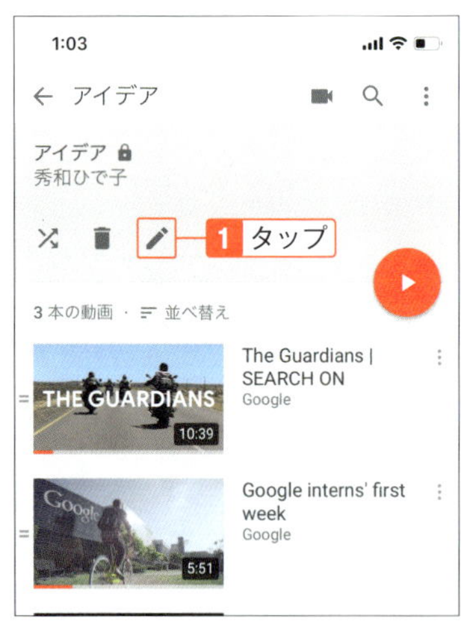


**2** 「タイトル」をタップして変更する。また、説明をタップして動画の説明も入れられる。編集したら☑（Androidの場合は▶）をタップ。

**ONE POINT** パソコン版YouTubeで再生リストのタイトルを変更するには

パソコンの場合は、左の一覧から再生リスト名をクリックし、タイトルの右にある✎をクリックして変更できます。

# 動画に評価を付ける

## 高評価が増えると投稿の励みになる

YouTubeの動画のなかには、「感動する動画」や「役立つ動画」がたくさんあります。投稿者は時間をかけて投稿しているので、良いと思ったら高評価を付けてあげましょう。タップ1つで評価を付けることができます。もし、間違えて付けてしまった場合は、再度タップすれば取り消すことができるので安心してください。

### 高評価を付ける

**1** 「高く評価」ボタンをタップ。

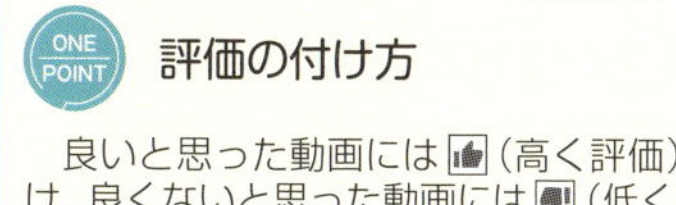

**ONE POINT 評価の付け方**

良いと思った動画には👍（高く評価）を付け、良くないと思った動画には👎（低く評価）を付けます。

**2** 評価を付けた。再度タップすると取り消すことができる。

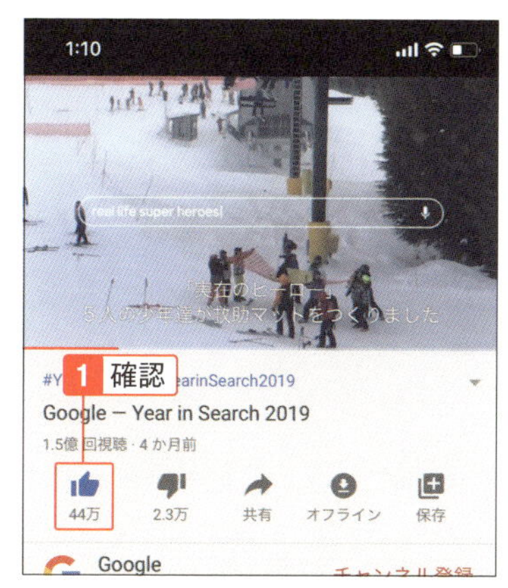


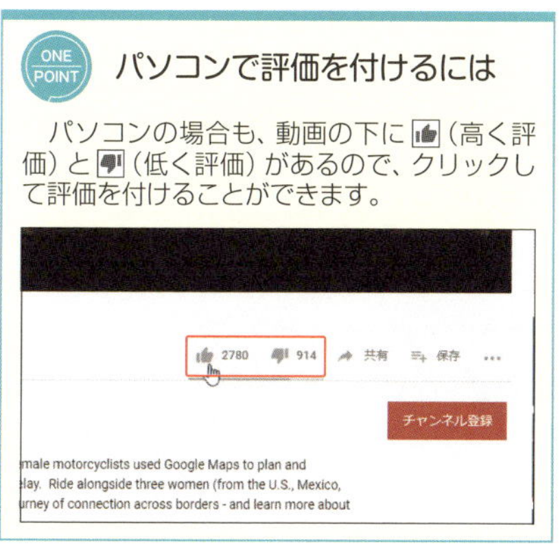

**ONE POINT パソコンで評価を付けるには**

パソコンの場合も、動画の下に👍（高く評価）と👎（低く評価）があるので、クリックして評価を付けることができます。

# 動画にコメントを付ける

## コメントを通じて、SNSのように他の視聴者と交流できる

YouTubeに動画を投稿している人達は、視聴者の反応を待っています。感動したときやお礼を言いたいときには、コメントを付けてあげましょう。投稿者によっては返信してくれます。また、他の視聴者が返信してくれることもあります。YouTubeは、一方的に動画を見るだけでなく、投稿者や他の視聴者との交流の場でもあるのです。

### コメントを入力する

**1** 動画を表示させ、「コメント」をタップ。

**2** 「公開コメントを入力」をタップ。

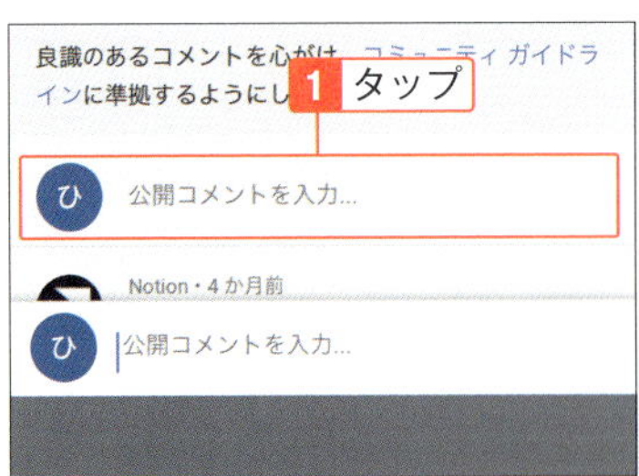


**3** コメントを入力し、▶をタップ。

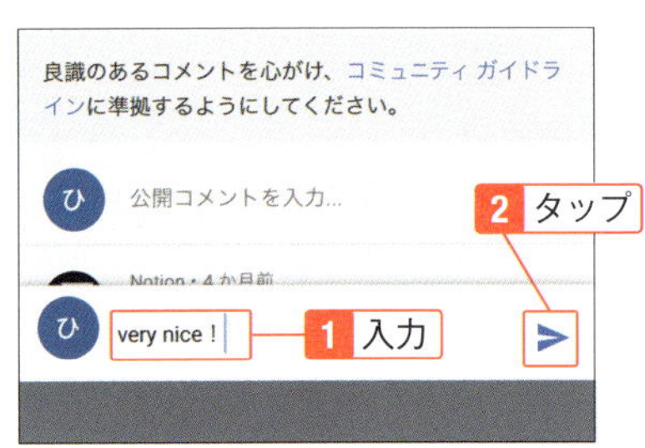


**4** コメントを付けた。

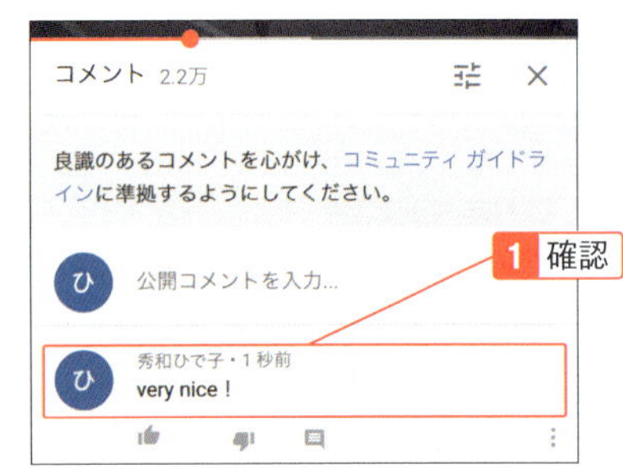


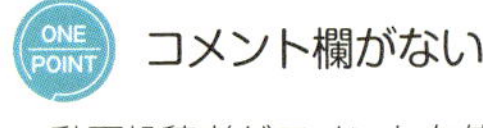

**ONE POINT コメント欄がない**

動画投稿者がコメントを使用不可にしていることもあり、コメント欄がない動画にはコメントを付けることができません。

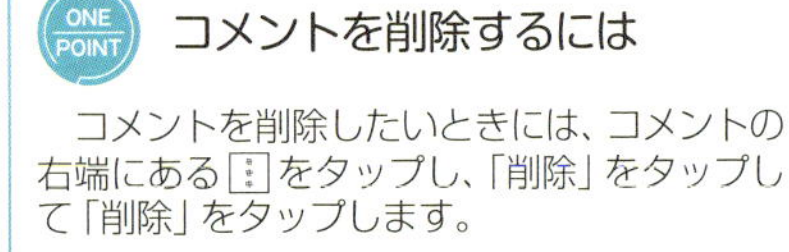

**ONE POINT コメントを削除するには**

コメントを削除したいときには、コメントの右端にある⋮をタップし、「削除」をタップして「削除」をタップします。

## 他の人のコメントに返信する

**1** 「〇件の返信を表示」(Androidの場合は「〇件の返信」)をタップ。

**2** コメントでのやり取りが表示される。「公開の返信を追加」をタップ。

**3** コメントを入力し、▶をタップ。

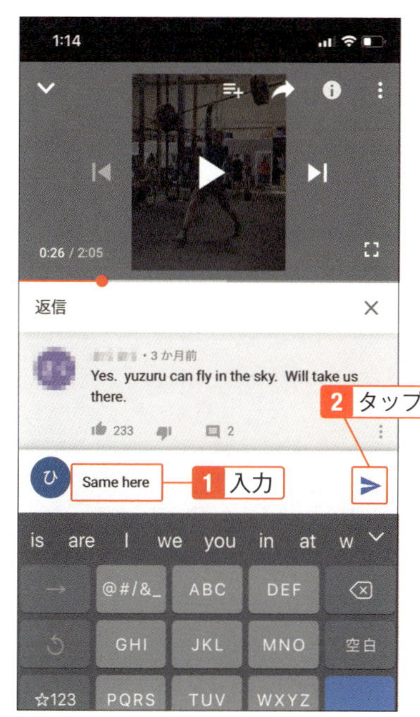

### ONE POINT パソコン版YouTubeでコメントを付けるには

パソコンの場合は、動画の下にある「公開コメントを入力」をクリックして入力します。削除するときには、コメントをポイントし、右端の⋮をクリックして「削除」をクリックします。

02-26
SECTION

# 動画に字幕を表示する

## 海外の動画を再生するときに字幕があると便利

投稿者によっては、字幕を付けている動画もあり、耳が不自由な人はもちろん、音声を出せない場所で視聴する時にも助かります。海外の動画では、日本語の字幕を表示できる場合もあります。すべての動画で表示されるわけではありませんが、試しにここで紹介する方法で字幕を表示させてみるとよいでしょう。

### スマホで字幕を表示する

**1** 右上の ⁝ をタップし、「字幕」をタップ。

**2** 「日本語」をタップ。

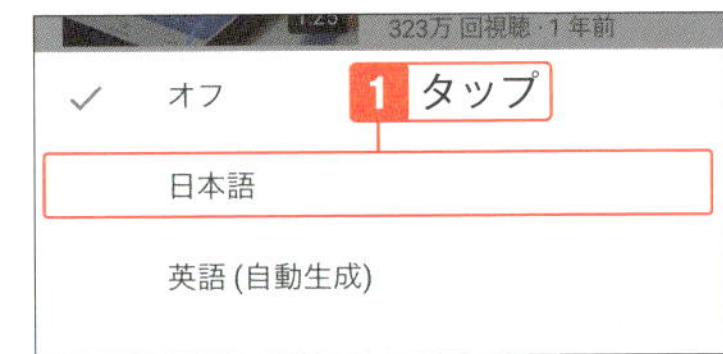


**3** 字幕が表示される。

ONE POINT

**字幕が表示されない**

全ての動画で字幕が表示されるのではなく、動画投稿者が字幕表示の設定をしていないと表示できません。

**パソコンで字幕を表示するには**

動画の右下にある ⚙ をクリックし、「字幕」をクリックして、言語を選択します。また、動画の下に ▤ があればクリックして表示/非表示を切り替えられます。

# 360°動画を視聴する

**新感覚の動画体験を楽しめる。投稿についてはSECTION 03-21 参照**

実は、YouTubeの動画は、テレビと同じ映像だけではありません。上下左右全方位に見ることができる360°動画もあります。知らない人も多いので、その見方をここで説明します。一般的な動画とは違う感覚を体験できるので、はじめて見る人はおそらく驚くことでしょう。



## 360°動画を視聴する

**1** 検索ボックスに「360°」と入力して検索するか、SECTION02-09手順2の画面で「360°」にチェックを付けて検索し、動画をタップする。

**2** 360°動画が再生される。スマホ本体を上下左右に動かすか、再生ボタンなどが非表示の時に画面を指でなぞると360°見渡せる。▣をタップ。

**3** 全画面表示になる。画面上をタップし、右下の▣をタップすると元の表示に戻る。

### ONE POINT 360°動画とは

YouTubeには、スマホ本体やパソコンのマウスを使って360度見渡せる360°動画があります。スマホで360° 動画を視聴する場合は、ブラウザーではなく「YouTube アプリ」で視聴します。パソコンの場合はブラウザーの「Chrome」「Opera」「Firefox」「Microsoft Edge」を使います。

### ONE POINT パソコンで360°動画を視聴するには

パソコンの場合は、動画上をマウスでドラッグすると上下左右360°見渡すことができます。

02-28
SECTION

# VR動画を視聴する

## 自宅でもアトラクションのようなVR体験ができる

VRとは「Virtual Reality（バーチャル・リアリティ）」のことです。最近ではVR技術が進歩し、VRの技術を利用した動画がたくさん公開されています。YouTubeにもVR動画が投稿されていて、専用ゴーグルを使って仮想現実を楽しむことができます。ここではVR動画の表示方法を説明します。

### VR動画を視聴する

**1** 検索ボックスに「VR」と入力して検索するか、SECTION02-09手順2の画面で「VR180」にチェックを付けて検索して動画を表示する。

VRとは

VRは「Virtual Reality（バーチャルリアリティ）」の略で、そのシーンの中にいるような感覚を体験できる技術のことです。遊園地やゲームセンターにVRのアトラクションがありますが、YouTubeでもVRを楽しむことができます。特に360°動画でのVR視聴は迫力があっておすすめです。「360°VR」で検索すると見つかります。

**2** 画面上をタップし、をタップ。または、右上のをタップし、「Cardboardで視聴」をタップ。

**3** 「次へ」（Androidの場合は「続行」）をタップ。

**4** VRゴーグルを付けて見ると立体的になる。「<」をタップするとVRを終了する。

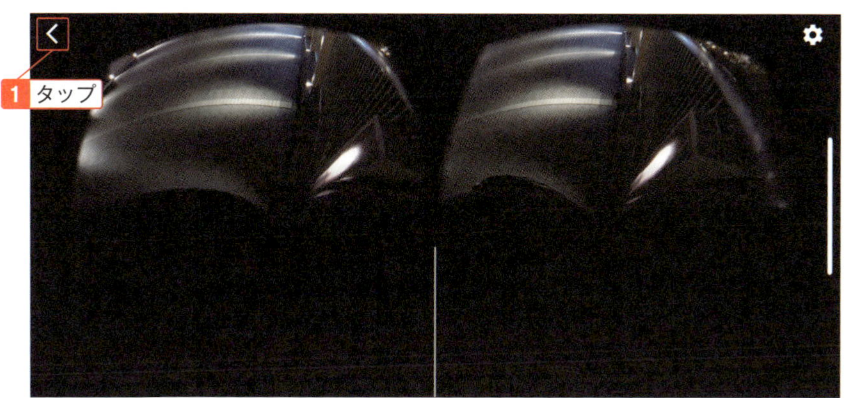

## Cardboardとは

Cardboard は、VR動画を見るためのゴーグルのことで、ゴーグルにスマホをセットして視聴します。誰でも作れるようにGoogleが仕様書を提供しています（https://vr.google.com/intl/ja_jp/cardboard/manufacturers/）が、実際に作るとなると大変なので、Amazonなどで比較的安く売られているVRゴーグルもあるので試してみると良いでしょう。

## YouTubeの動画をテレビで見るには

YouTube対応のテレビの場合は、テレビの画面でYouTubeアプリを起動し、「設定」を選択して「テレビコードでリンク」を選択します。コードが表示されるので、YouTubeアプリ上部にある をタップして、「テレビコードでリンク」をタップして、テレビに表示されたコードを入力します。非対応のテレビの場合は、ChromecastやFire TV Stickなどのデバイスを接続すれば表示できます。

02-29
SECTION

# 有料の映画やテレビ番組を見る

## パソコンで購入し、再生はスマホでといったこともできる

YouTubeというと、一般人が投稿した動画が有名ですが、実は映画やテレビ番組なども配信しています。これらは有料ですが、わざわざレンタルショップにDVDを借りに行かなくてもすみますし、見逃してしまったテレビ番組を見ることもできます。料金はクレジットカードなどで支払うので、わざわざ銀行やコンビニに行く必要もありません。

### 映画を見る

**1** パソコンでYouTube(https://www.youtube.com/)にアクセスし、メニューの「映画と番組」をクリックする。または検索ボックスに「ムービー」と入力して検索し、「YouTubeムービー」をクリックする。

**2** 見たい映画をクリック。

### ONE POINT 有料の映画とテレビ番組

YouTubeでは、有料で映画やテレビドラマの配信をしています。2020年5月時点ではiPhoneでは購入できないのでパソコンからアクセスして購入してください。Androidスマホは購入可能で、下部の「探索」をタップし「映画と番組」の一覧から選択できます。

3 「購入またはレンタル」をクリックし、「レンタル」または「購入」の金額をクリック。

### 購入時の選択肢

レンタルと購入を選択できます。レンタルの場合は、視聴を開始してから指定期間内で視聴できます。購入の場合は無期限で見られます。また、HD（高画質）かSD（標準画質）を選べるものもありますが、スマホで再生する場合はSDで十分です。

4 支払方法を設定し、「今すぐ支払う」をクリック。支払いを止める場合は左上の×をクリックする。

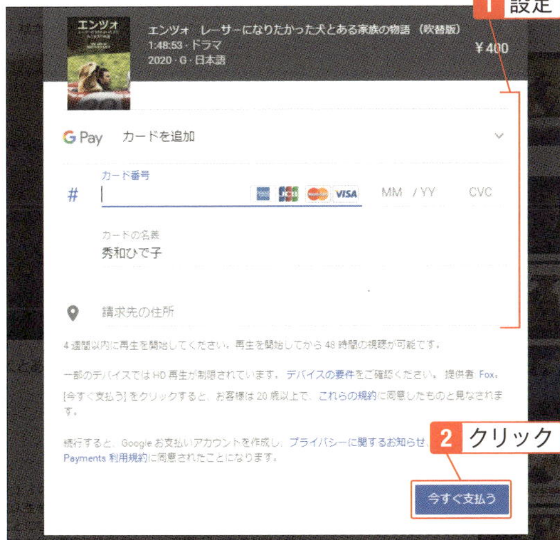

### 有料動画の支払い方法

クレジットカード、デビットカード、PayPal、Google Playを選択できます。Google Playの場合は、アカウントに残高があると選択できます。

### レンタルまたは購入した映画をスマホ視聴するには

購入後は「ライブラリ」の「購入済み」に表示されるのでタップして視聴できます。

02-30
SECTION

# YouTubeの音楽を聴く

## アーティストの公式PVなども多数ある音楽専門のチャンネル

YouTubeには、さまざまな音楽をまとめた音楽チャンネルがあり、ポップスやロック、クラシックなど、好みに応じていろいろな音楽を楽しめます。レコード会社やプロダクションが宣伝のために最新のミュージックビデオを公開していることもあるので、仕事の疲れを癒したいときに利用してみるとよいでしょう。

### 音楽を再生する

1 下部の「探索」をタップし、「音楽」をタップ。

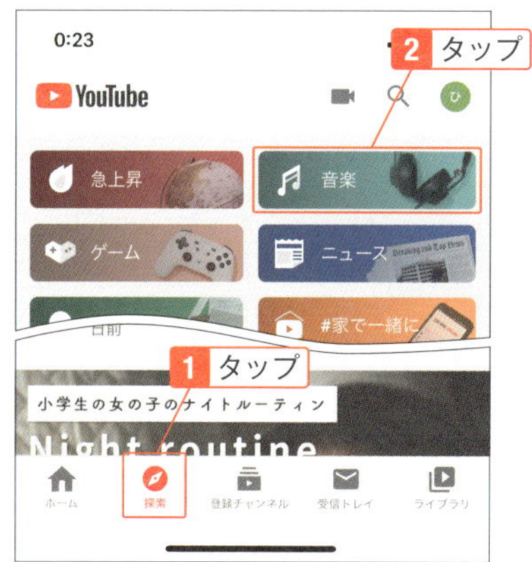


**ONE POINT パソコン版YouTubeで音楽を聞くには**

パソコンの場合は、左の一覧から「音楽」をクリックすると音楽チャンネルが開くので、聞きたい音楽を選択します。

2 聞きたい音楽をタップ。

# YouTube Musicアプリで音楽を聞く

## YouTubeの音楽をまとめて、音楽プレーヤーのように聞ける

音楽に特化した「YouTube Music」というアプリがあります。音楽を聞く機会が多い人は、「YouTube」アプリで聞くよりも使いやすいので、インストールして利用しましょう。気に入った曲を何度もリピートして聞いたり、お気に入りの曲をまとめてアルバムのようにして楽しむことができます。

### YouTube Musicアプリを起動する

**1** スマホにYouTube Musicアプリをインストールして起動する。

ONE POINT **YouTube Musicアプリとは**

YouTube Musicアプリは、YouTubeが提供する音楽アプリです。パソコン版もあり、お気に入りの音楽をリストにまとめて楽しむことができます。

**2**

❶ **検索**：曲を探すことができる
❷ **アカウントアイコン**：チャンネルの表示や再生履歴、アカウント切り替え、設定ができる
❸ **ホーム**：ホーム画面を表示する
❹ **探索**：ジャンルごとに探せる
❺ **ライブラリ**：プレイリストを表示する
❻ **アップグレード**：有料版を申し込む

## 音楽を聴く

**1** アルバム名や曲名などをタップ。

**2** 「再生」をタップ。

**3** 再生される。左上の「V」をタップすると縮小化される。

### 曲をリピートするには

手順3の画面で下部にある「^」をタップし、曲を選択した状態で をタップします。 になると繰り返し再生になります。

## プレイリストを作成する

**1** をタップ。

**2** 「プレイリストに追加」をタップ。

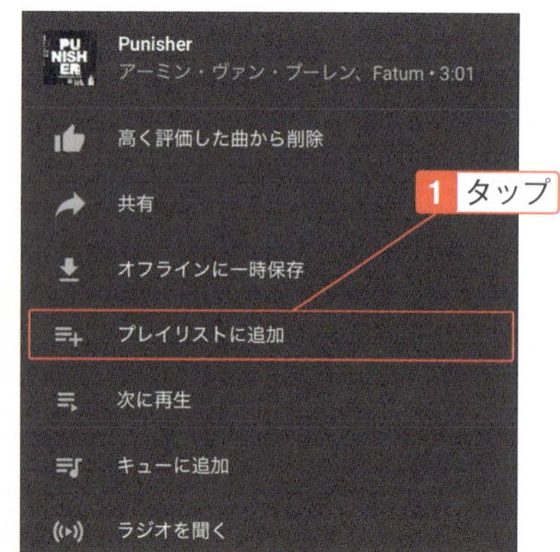

### キューに追加とは

手順2の画面で、「キューに追加」をタップすると、次に再生する曲を指定することができます。

**3** 「新しいプレイリスト」をタップ。

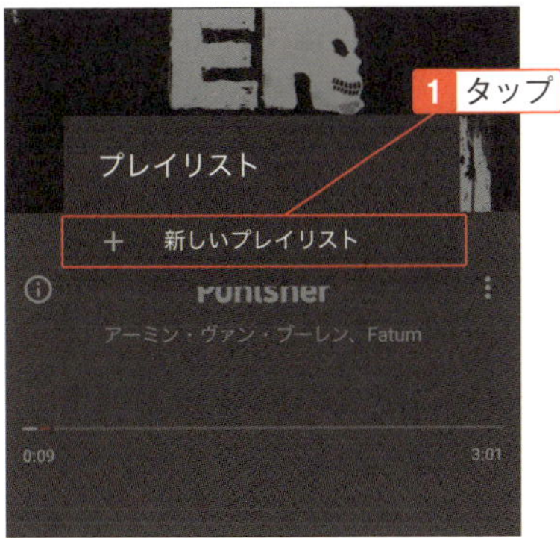


**4** リスト名を入力し、公開するか否かを選択して「作成」をタップ。

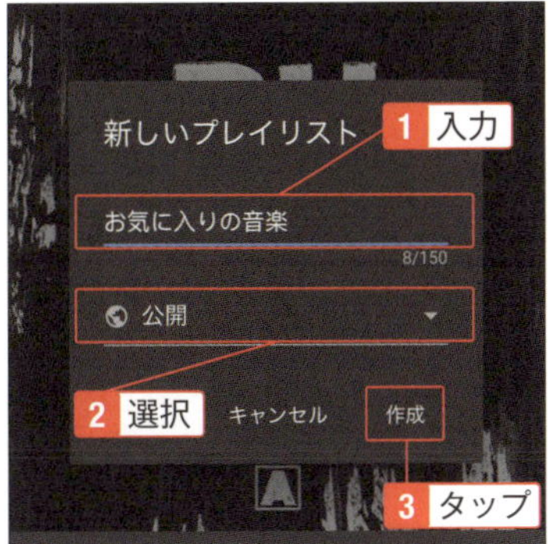


**5** 「ライブラリ」をタップし、「プレイリスト」をタップ。

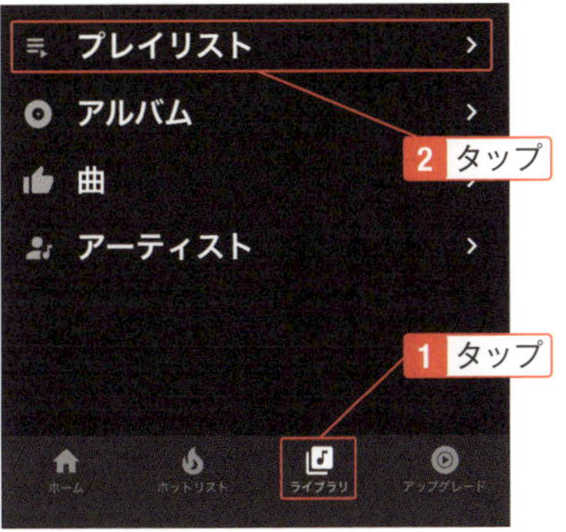


**6** タップすると再生される。

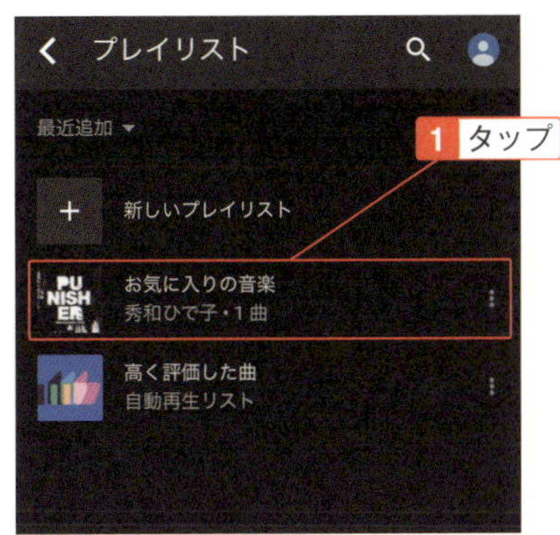


**7** 追加した曲が一覧で表示される。

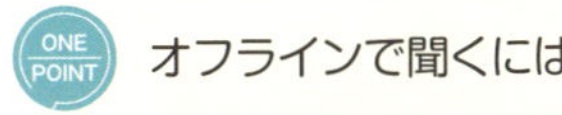

**ONE POINT　オフラインで聞くには**

次のSECTIONで紹介する有料プランに申し込めば、曲を保存することができ、インターネットに接続しなくても聞くことができます。

**ONE POINT　パソコンでYouTube Musicを利用するには**

YouTubeの画面の右上にある[アプリアイコン]をクリックして「YouTube Music」をクリックするとパソコン版YouTube Musicが表示されます。

02-32
SECTION

# YouTubeの有料プランとは

## 広告なしで利用したい人におすすめ

YouTubeは無料で利用できるサービスなので、各所に広告が表示されるのはやむを得ないことです。もし、広告を非表示にしたいのなら、有料プランにしてみましょう。有料プランには、「YouTubeプレミアム」と「YouTube Music」がありますが、動画も音楽も楽しみたいのなら「YouTubeプレミアム」を選択してください。

## YouTubeの有料プラン

YouTubeの有料プランとして、YouTubeプレミアムと音楽用向けのYouTube Musicがあります。申し込めば、どちらも広告なしで視聴できるようになります。バックグラウンド再生が可能なので、他のアプリを使いながらBGMのように流すことができ、無料版のように他のアプリを開くと動画が終了するといったことがなくなります。

また、無料版の場合は動画のダウンロードは規約違反ですが、有料プランならダウンロードが可能なので、ネット環境がなくても視聴できます。なお、iPhoneで購入する場合は、少し割高になるのでパソコンまたはブラウザ上から申し込むとよいでしょう。

### ●YouTube Premium

YouTube Premiumに申し込むと、画面左上が「Premium」のアイコンに変わります。プランの中にYouTube Musicも含まれます（月額1,180円2020年5月現在）。

### ●YouTube Music Premium

動画は不要で音楽だけ楽しみたいのなら、YouTube Musicプレミアムがおすすめです（月額980円2020年5月現在）。

## YouTubeプレミアムに申し込む

**1** アカウントアイコンをクリックし、「有料メンバーシップ」をクリック。

**2** YouTubeプレミアムの「詳細」をクリック。

**3** 「使ってみる（無料）」をクリックし、支払い手続きをする。

### 無料トライアル

YouTube Premium は、1か月間のお試し期間があります。有料プランを使いたくない場合は、期間中にキャンセルするようにしてください。

キャンセルするには、YouTubeの画面右上のアカウントアイコンをクリックし、「有料メンバーシップ」をクリックして「メンバーの管理」をクリックします。続いて「無効にする」をクリックして「解約する」をクリックします。理由を選択したら「次へ」をクリックして「解約」をクリックします（執筆時点での操作方法）。

33
SECTION

# ライブ動画を見る

## 他のユーザーとチャットしながら見られる生放送

YouTubeには、リアルタイムで放送される動画もあり、その動画を見ている他の視聴者とチャットで会話しながら一緒に見るといった楽しみ方もあります。また、投げ銭のような機能もあり、気に入った動画にお金を入れることが可能です。ただお金を渡すだけでなく、自分のコメントを目立たせることができます。

## 生放送の動画を視聴する

**1** 「ライブ」と入力して検索するか、SECTION02-09手順2の画面で「ライブ」にチェックを付けて検索する。

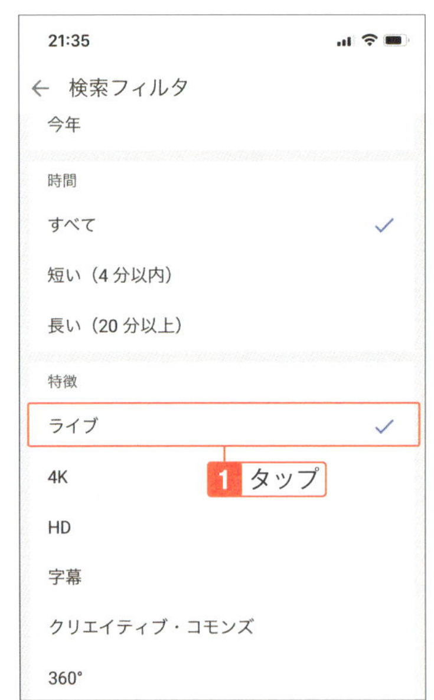

### ライブ動画とは

ライブ動画は、生放送の動画のことです。一緒に見ている人達とチャット（文字での会話）をすることもできます。生放送中の動画には、「ライブ」と書かれています。

**2** 「ライブ」と書いてある動画をタップ。

**3** 動画が流れる。現在チャットに参加している人数が表示されている。

## チャットを使う

**1** 下部にあるボックスをタップ。

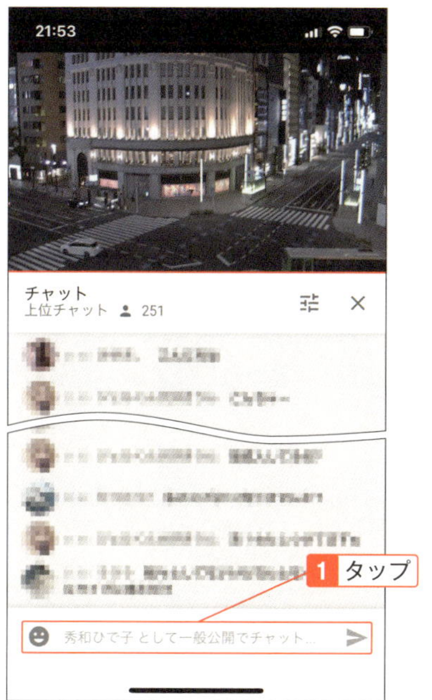


**2** 文字を入力し、をタップすると投稿できる。

### ONE POINT 上位チャットとチャット

上位チャットは、スパムなどの可能性のあるメッセージを除いたメッセージのことです。すべてのチャットを表示したいときには、手順2の画面でをタップし、「上位チャット」をタップし、「チャット」をタップすると切り替えられます。

## スーパーチャットを購入する

**1** 「¥」のアイコンをタップ。

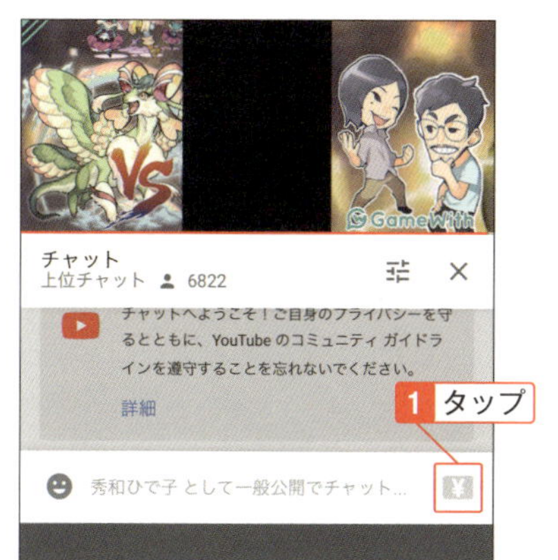


### ONE POINT スーパーチャットとは

配信者への投げ銭のようなもので、お金を払うとチャットの中で自分のメッセージを目立たせることができます。金額に応じて文字数や色、表示されている時間が異なり、金額が高い方が目立つようになっています。なお、メッセージを削除することはできますが、支払った金額の払い戻しできません。

なお、アニメーション画像を送信する「Super Sticker」もあります。

## 2 「Super Chat」をタップ。

## 3 スライダーをタップするか、金額を入力。「購入して送信」をタップ。

### スーパーチャットのボタンがない

スーパーチャットは、すべての投稿者が設置できるものではなく、チャンネルの収益化や18歳以上などの条件をクリアしている人だけです。そのため、スーパーチャットのボタンがない動画では利用できません。

## 4 支払い手続きをする。

### パソコン版YouTubeでライブ動画を見るには

パソコンの場合は、左の一覧から「ライブ」をクリックすると配信中の動画一覧が表示されるのでクリックして視聴できます。動画の右側にチャット欄があるので、「メッセージを入力」ボックスに文章を入力して送信します。

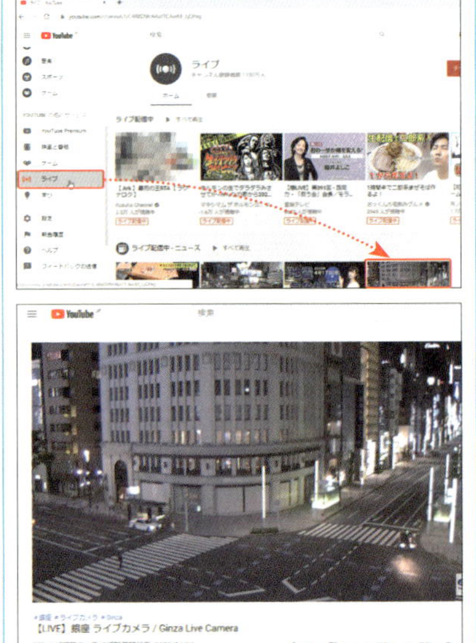

Chapter

# 03

# 動画を公開したり、共有しよう

誰でも動画投稿ができるYouTubeなので、せっかくですから会社やお店のイメージアップのために投稿したいものです。とは言っても、はじめて動画を投稿するときには、不安に思う人もいるでしょう。大丈夫です。このChapterで、スマホとパソコンの投稿方法や投稿時の設定などについて説明します。ライブ配信についても解説するので、慣れてきたらチャレンジしてみてください。

03-01
SECTION

# YouTubeに投稿できる動画

## 「著作権に触れていない」「公序良俗に反しない」などの条件がある

YouTubeでは、簡単に動画を投稿することができますが、手軽に投稿できるからといって、どんな動画でも投稿してよいわけではありません。会社のイメージアップのために投稿したのに、法律違反や規約違反をしてイメージダウンになってしまったら元も子もありません。投稿する前に、規約を読み、基本事項を再度確認しておきましょう。

### どのような動画を載せられるの？

YouTubeに投稿できる動画は、自分で撮影・作成したものか、許可を得ている動画に限ります。他の人の動画を勝手に載せたり、テレビ番組や映画の映像を投稿したりすることは違反です。また、好きな音楽だからと言って、著作権で保護されている音楽を動画に入れて投稿することもできません。さらに、暴力的な動画、露骨な性的動画など公序良俗に反する動画もNGです。このような動画が投稿された場合は、YouTubeの監視や通報によって見つけられ削除されます。著作権についてはSECTION 07-01でも説明します。

✕ NG ✕

- 許可を得ていない他人の動画
- テレビ番組や映画の映像
- 著作権で保護された音楽を入れた動画
- 公序良俗に反する動画など

## 商業利用は禁止されているの？

自社製品の宣伝目的で、自社が作成した動画をアップロードすることは問題ありません。また、YouTubeが指定している方法で自社のホームページやブログに動画を貼り付けることも可能です。禁止されているのは、動画へのアクセスを有料にしたり、動画に掲載する広告やスポンサーの販売です。たとえば投稿した動画を非公開にし、会員制にしてお金を払った人だけに見せるといったことはできません。

**例：フラワーショップの場合**

**NG（動画を投稿して有料で販売）**

「花の育て方」の動画を非公開で載せ、
お金を払った人にだけ公開する

**OK（商品の宣伝や事業促進のための投稿）**

「花の育て方」の動画を公開で載せ、
お店のPRをする

## 投稿前に規約を確認する

投稿した動画が規約違反をして、動画が削除されたり、アカウントが停止されたりしては困るので、投稿前に今一度YouTubeの利用規約（https://www.youtube.com/t/terms）を読んでおきましょう。特に禁止行為の部分は必読です。

本サービスの利用には制限があり、以下の行為が禁止されています。

1. 本サービスまたはコンテンツのいずれかの部分に対しても、アクセス、複製、ダウンロード、配信、送信、放送、展示、販売、ライセンス供与、改変、修正、またはその他の方法での使用を行うこと。ただし、（a）本サービスによって明示的に承認されている場合、または（b）YouTube および（適用される場合）各権利所持者が事前に書面で許可している場合を除きます。
2. 本サービスのいずれかの部分を迂回、無効化、不正利用、またはその他の方法で妨害すること（またはこれらのいずれかを試みること）。なお、この「本サービスのいずれかの部分」には、セキュリティ関連の機能、または（a）コンテンツのコピーもしくはその他の利用法を防止もしくは制限する機能、もしくは（b）本サービスもしくはコンテンツの利用を制限する機能が含まれます。
3. 自動化された手段（ロボット、ボットネット、スクレーパなど）を使用して本サービスにアクセスすること。ただし、（a）公開されている検索エンジンを YouTube の robots.txt ファイルに従って使用する場合、または（b）YouTube が事前に書面で許可している場合を除きます。
4. 個人を特定できる可能性のある情報（ユーザー名など）を収集または取得すること。ただし、その人物が許可している場合および本項第 3 号で認められている場合を除きます。
5. ユーザーの意向を無視した宣伝または営利目的のコンテンツを配信したり、一方的な勧誘や大量の勧誘を行ったりするために本サービスを使用すること。
6. 本来のユーザー エンゲージメントの測定結果を歪めること、またはそのように仕向けること。たとえば、ユーザーに金銭を支払ったりインセンティブを与えたりして、動画の視聴回数、高評価数、低評価数を増やす、チャンネル登録者を増やす、またはその他なんらかの方法で指標を操作することなどが含まれます。
7. 報告、フラグ立て、申し立て、異議申し立て、または再審査請求のプロセスを不正使用すること。これには、根拠のない、濫用的な、または軽率な申請なども含まれます。
8. 本サービス上で、または本サービスを通して、YouTube コンテストのポリシーとガイドラインに従っていないコンテストを実施すること。
9. 本サービスを個人的、非営利的な用途以外でコンテンツを視聴するために利用すること（たとえば、不特定または多数の人のために、本サービスの動画を上映したり、音楽をストリーミングしたりすることはできません）。
10. 本サービスを利用して、（a）YouTube での広告表示で許可されているもの（準拠したプロダクト プレースメントなど）を除き、本サービスまたはコンテンツ上、その周囲、もしくはその内部でなんらかの広告、スポンサーシップ、プロモーションを販売すること、または（b）以下のいずれかに該当する広告、スポンサーシップもしくはプロモーションを販売すること。(i) 本サービスからの取得したコンテンツのみで構成されたウェブサイトまたはアプリケーションのページに掲載される広告、スポンサーシップもしくはプロモーションの販売、もしくは (ii) 本サービスからのコンテンツを主な根拠とする広告、スポンサーシップ、もしくはプロモーションの販売（たとえば YouTube 動画がユーザー集客の目玉であるウェブページなどに掲載される広告を販売すること）。

▲YouTubeの利用規約

03-02
SECTION

# 動画の画質やサイズ、ファイル形式について知っておく

## 主要な動画形式にはほぼ対応しているので、あまり気にしなくて大丈夫

「動画をアップロードしようとしたけれど、うまくいかない」といったときには、動画のファイル形式やサイズが関係しているかもしれません。スマホで撮影した動画の投稿は、あまり気にする必要はありませんが、ビデオカメラで撮影した動画や動画編集ソフトで編集した動画を投稿する際には少し注意が必要です。

### 高画質の動画を投稿できるの？

なるべく高画質の動画をアップロードしましょう。デジタルビデオカメラで撮影する場合は高画質の設定ができます。

高画質にすると、視聴する際に動画の読み込みが遅くなったり、止まったりなど影響が出るのでは？と心配な人もいるかもしれません。以前は、どの環境でも見られるようにと、ファイルサイズを小さくするために画質を落としてからアップロードすることもありましたが、最近では技術が進歩したので高画質動画でもスムーズに視聴できる仕組みになっています。また、視聴者側のインターネット接続速度に応じて動画の画質が調整されるので、わざわざ画質を落としてアップロードする必要はありません。

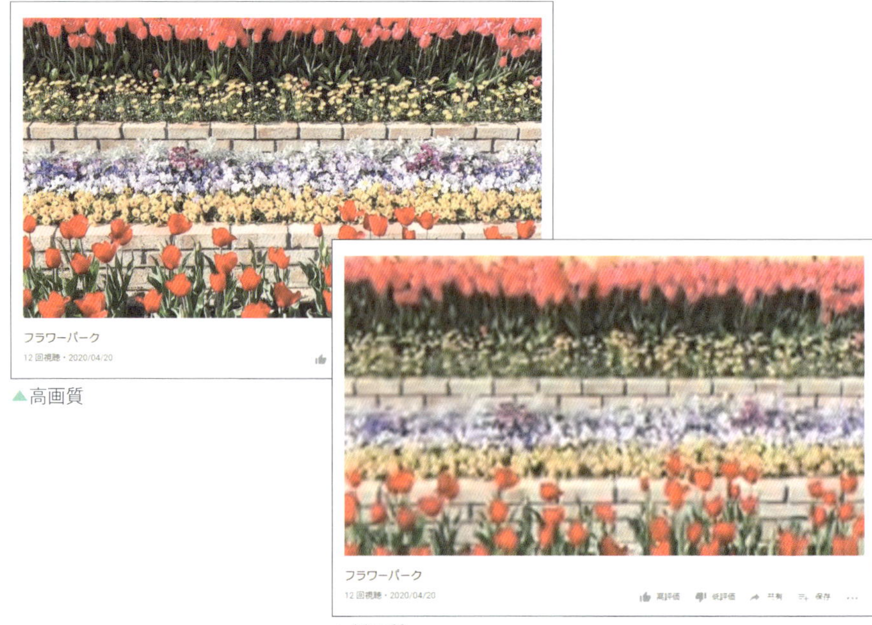


▲高画質

▲低画質

## 動画の解像度やサイズは？

パソコンでの YouTube の標準アスペクト比は 16:9 です。それ以外のアスペクト比の場合は、視聴者のプレーヤーが自動的に最適なサイズに変更されるようになっています。ただし、9:16 の縦向き動画を視聴する場合など、動画とデバイスのアスペクト比によっては、余白が追加されることがあります。

スマホのYouTube アプリの場合は、動画のサイズに合わせて自動調整して表示されます。

アップロードできるサイズは、デフォルトで2GB、長さ15 分までです。アカウント確認(SECTION03-05参照)をすれば引き上げることができます（最大サイズ128または12時間のいずれか小さい方まで)。

推奨される解像度とアスペクト比

アスペクト比がデフォルトの 16:9 の場合、以下の解像度でエンコードしてください。

- **2160p:** 3840x2160
- **1440p:** 2560x1440
- **1080p:** 1920x1080
- **720p:** 1280x720
- **480p:** 854x480
- **360p:** 640x360
- **240p:** 426x240

▲推奨される解像度
https://support.google.com/youtube/answer/6375112
(YouTubeヘルプ)

## YouTubeでサポートされているファイル形式

YouTubeは、多くの動画ファイル形式に対応しているので、スマホやデジタルビデオカメラなどで撮影した動画をそのままアップロードできます。非対応のファイル形式の場合は、変換ソフトを使ってYouTube対応のファイル形式にします。

YouTube でサポートされているファイル形式

**注**: 音声ファイル（MP3、WAV、PCM ファイルなど）は YouTube にアップロードできません。そこで、動画編集ソフトウェア を使用すれば、音声ファイルを動画に変換できます。

動画をアップロードする際、どのファイル形式で保存すればよいかわからない場合や「無効なファイル形式」というエラー メッセージが表示される場合は、次のいずれかのファイル形式を使用していることをご確認ください。

- .MOV
- .MPEG4
- .MP4
- .AVI
- .WMV
- .MPEGPS
- .FLV
- 3GPP
- WebM
- DNxHR
- ProRes
- CineForm
- HEVC（h265）

上記以外のファイル形式を使用している場合は、このトラブルシューティングを使用してファイルの変換方法を確認してください。

▲YouTubeに対応している動画ファイル形式
https://support.google.com/youtube/troubleshooter/2888402
(YouTubeヘルプ)

03-03
SECTION

# スマホで動画を投稿する

## スマホで撮ってその場で編集/投稿できる。操作も簡単

「動画投稿というと、ある程度の知識がないとできないのでは？」と思っている人もいるでしょう。YouTubeの動画は、スマホを使うと誰でも簡単に投稿することができます。経費を節約してお店の宣伝をしたいときでも、わざわざ撮影道具を用意する必要はありません。スマホ一台さえあれば、撮影から投稿までできるのです。

### iPhoneで動画をアップロードする

**1** 「YouTube」アプリのをタップ。アクセス許可の画面が表示されたら「アクセスを許可」をタップし「OK」をタップ。カメラとマイクへのアクセスも「OK」をタップ。

**2** アップロードする動画をタップ。

**ONE POINT YouTubeアプリでも撮影できる**

手順2の画面で、「録画」をタップすると、その場で撮影してアップロードすることができます。

**3** ✂をタップ。切り取る部分があれば左右の枠線をドラッグし、必要な部分のみにする。

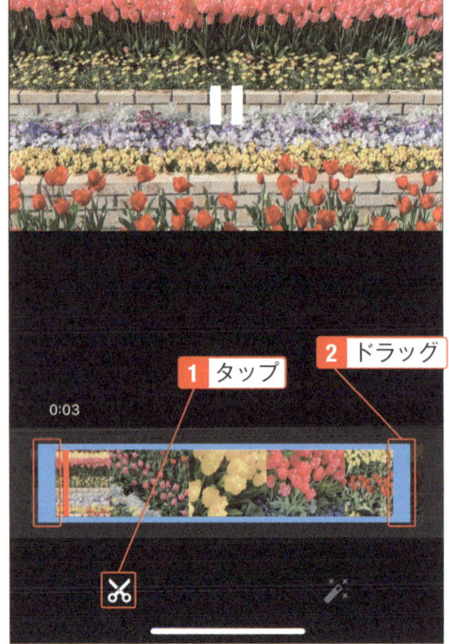

4 をタップするとフィルターをかけることができる。「次へ」をタップ。

### フィルターとは

色味や効果を付ける加工機能のことで、フィルターをかけると、動画に赤みを付けたり、モノクロにしたりなどができます。

5 動画のタイトルと説明を入力する。

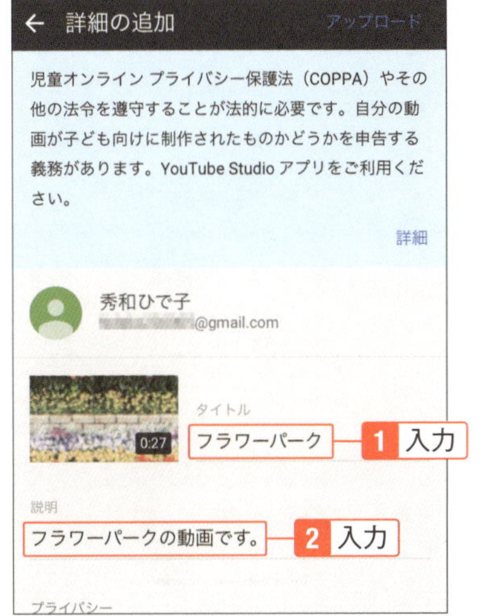


### メッセージが表示される

児童オンラインプライバシー保護法などにより、動画が子供向けに制作されたか否かを申告する必要があります。YouTubeアプリでは設定できないので、YouTube Studioアプリで設定します（SECTION03-09ワンポイント参照）。

6 「プライバシー」をタップ。

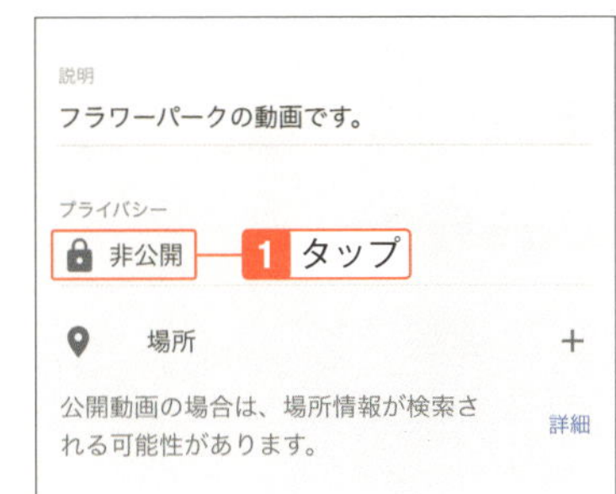

### 限定公開と非公開の違い

限定公開はリンクを知っている人が視聴できます。関連動画や検索結果には表示されるわけではないですが、リンクを知られると誰でも見ることができてしまうので気を付けて下さい。

7 公開か非公開かを選択できる。

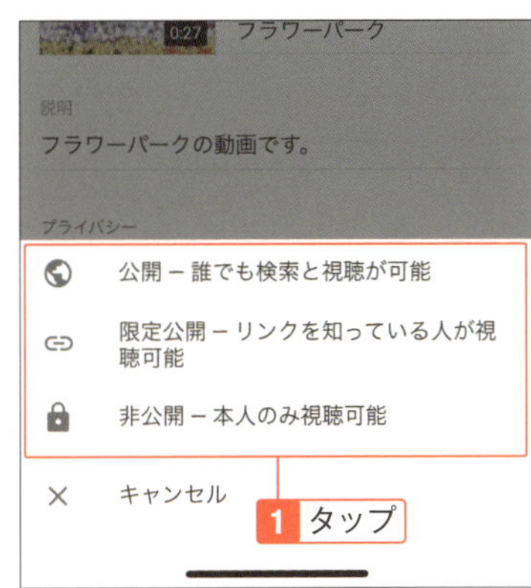

## 8 「アップロード」をタップ。

## 9 転送と処理が始まる。動画によっては時間がかかる場合がある。

## 10 動画を投稿した。

### ONE POINT アップロードした動画を見るには

「ライブラリ」をタップし、「自分の動画」をタップすると、転送した動画が表示されます。

## Androidで動画を投稿する

**1** 📹をタップ。ファイルへのアクセス許可などのメッセージが表示されたら「許可」をタップ。

**2** 動画を選択する。

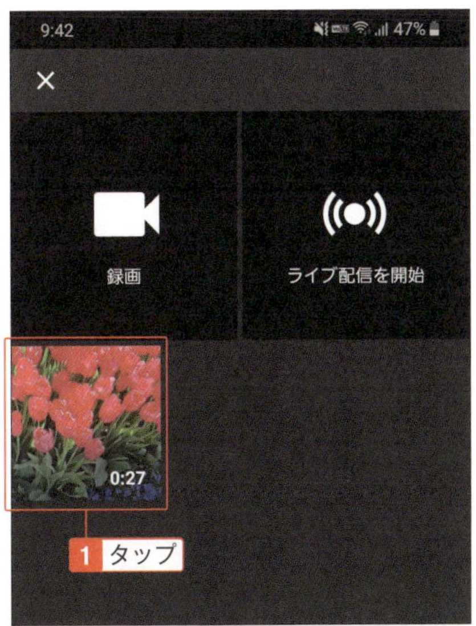


**3** 動画上にある🎵🪄をタップして編集する。左右のハンドルをドラッグして切り取れる。

**4** タイトルと説明、公開するか否かを選択し、「アップロード」をタップ。

03 動画を公開したり、共有しよう

03-04
SECTION

# パソコンで動画を投稿する

## 細かな設定や見栄えの良い加工をするならパソコンから投稿

動画投稿に慣れてくると、見栄えにこだわりたくなります。特に、会社やお店の動画は、イメージアップのために綺麗な動画を作りたいものです。そのような場合は、やはりパソコンが必要になってきます。ここでは、パソコンのYouTubeで動画を投稿する方法を説明します。決して難しくないので試してみるとよいでしょう。

## YouTubeのサイトにアクセスして動画をアップロードする

1 ブラウザーでYouTubeのサイト（https://www.youtube.com/）にアクセスする。右上の[アップロード]ボタンをクリックし、「動画をアップロード」をクリック。

2 「ファイルを選択」をクリックし、動画を選択する。

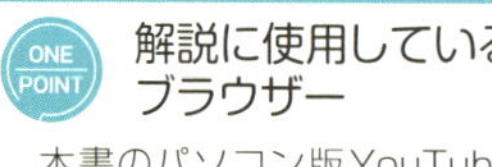


### 解説に使用しているブラウザー

本書のパソコン版YouTubeの解説には、Googleのブラウザー「Chrome」を使っています。

3 タイトルと説明を入力し、「次へ」をクリック。

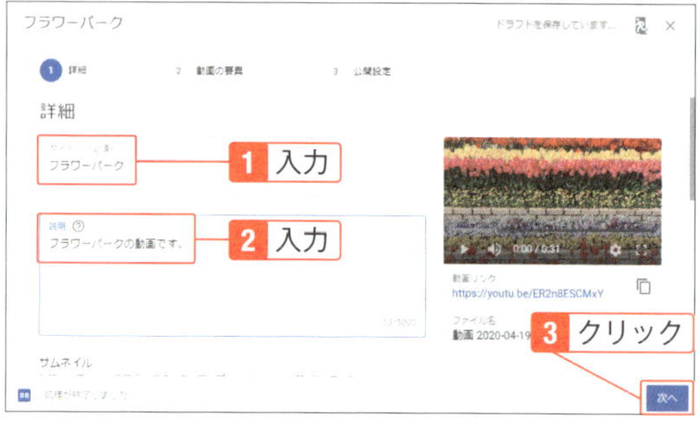

**4** サムネイルを選択し、「次へ」をクリック。

### サムネイルとは

サムネイルは、動画一覧に表示される静止画のことです。動画をアップロードすると、動画の最初、中間、最後の3枚の画像が自動的に抜粋され、その中から選べます。また、任意の画像を設定することもできます。

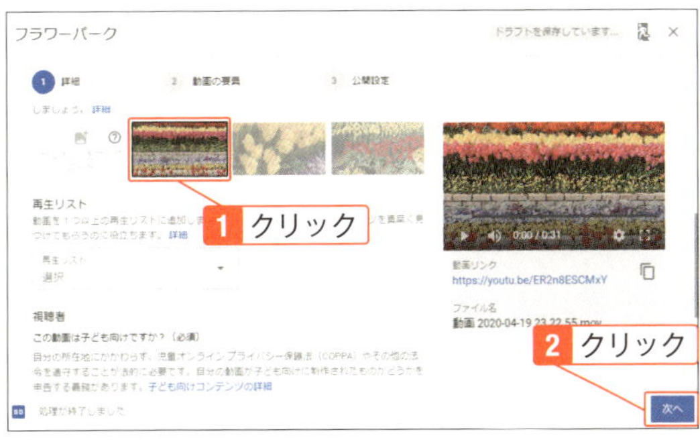


**5** 子供向けか否かを選択し、「次へ」をクリック。ここでは「いいえ、子ども向けではありません」を選択。

### 子ども向けの動画

子ども向けの動画を選択した場合、終了画面（SECTION05-08）やカード（SECTION05-09）の設定ができなくなります。

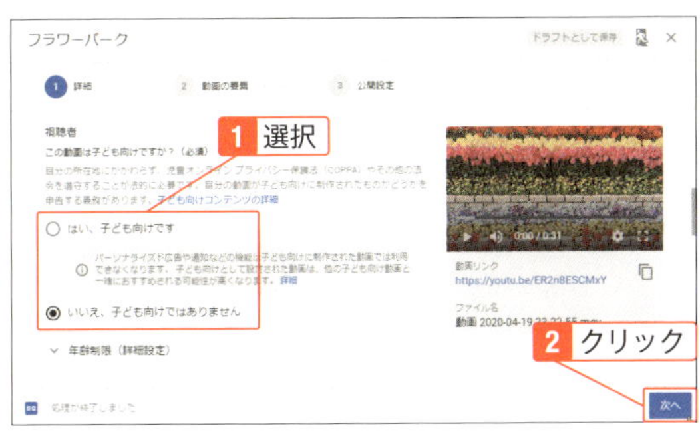


**6** 「次へ」をクリック。

**7** 公開するか否かを選択し、「保存」をクリック。

03-05
SECTION

# アカウント確認をする

## 電話がかかってきて確認する方法と、SMSを使う方法がある

YouTubeは、不正行為を防ぐために、電話を使用して本人であることを確認しています。電話の持ち主なら、実在人物であることが証明できるからです。本人確認をしなくても利用はできますが、なかには手続きしないと利用できない機能もあります。いろいろな情報を入力するわけではなく電話番号だけなので手続きしておきましょう。

### コードを受け取る

1 youtube.com/verifyにアクセス。

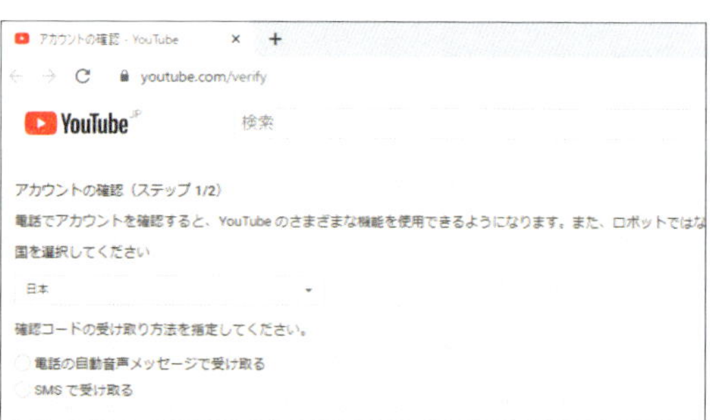

**本人確認とは**

Googleアカウントを取得するときに本人確認をしましたが、YouTube内でも確認操作をしておくと、カスタムサムネイル（SECTION03-10）やライブ配信（SECTION03-22）、15分を超える動画の投稿などが可能になります。

2 「電話の自動音声メッセージで受け取る」か「SMSで受け取る」を選択。

**3** 電話番号を入力し、「送信」ボタンをクリック。

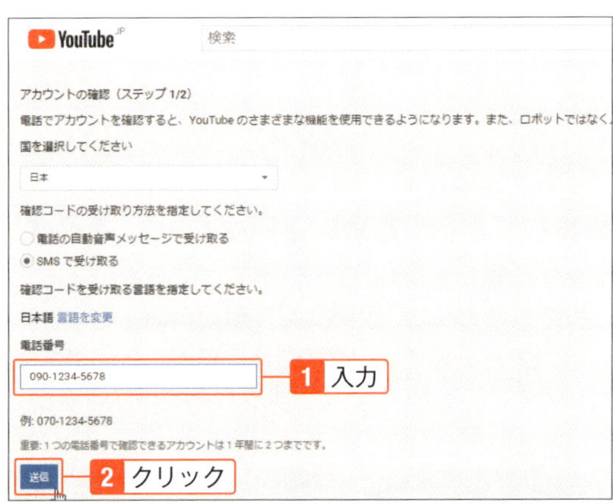

### SMSとは

Short Message Serviceの略で、携帯電話の番号を使ったメッセージサービスのことです。ここでの場合、「SMSで受け取る」を選択し、携帯電話番号を入力することで確認コードを受け取れます。

**4** SMSで送られてきた番号を入力し、「送信」をクリック。

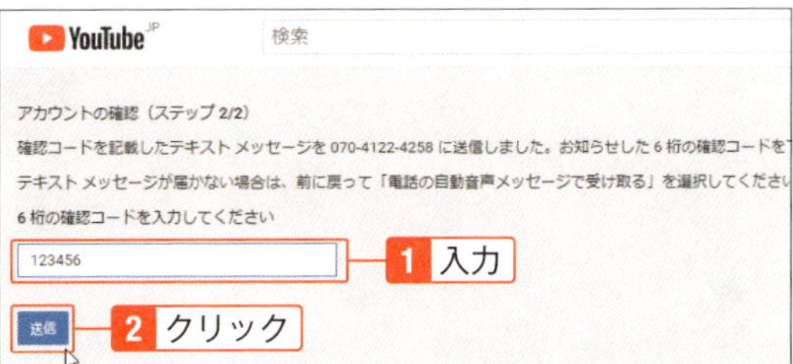


**5** 「次へ」をクリック。

**6** 本人確認が完了し、確認済みと表示される。右上の「YouTubeStudioに 戻る」をクリックして戻る。

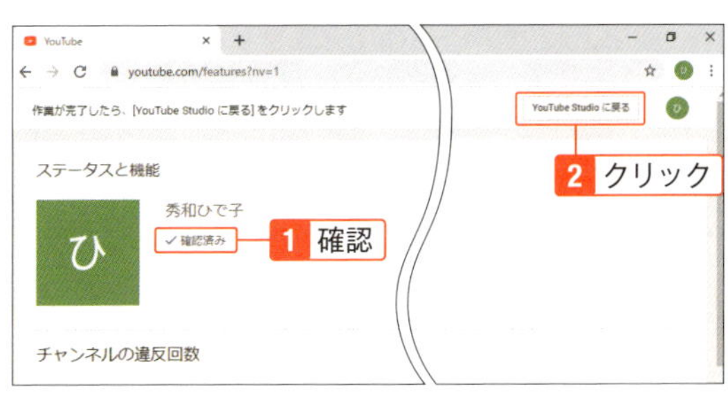

03-06
SECTION

# 動画の説明やタグを変更する

## 検索してもらうために重要な「タグ」を必ず付けよう

動画を投稿したけれども、誰も見てくれないようではがっかりです。たくさんの人に見に来てもらうには、説明文を丁寧に入力したり、キーワードをタグとして入力したりなどの工夫が必要です。説明文は投稿時に入力できますが、後から追加・編集することも可能です。ここでは、説明とタグの編集方法を解説します。

### スマホ版で説明とタグを追加する

**1** スマホのYouTubeアプリで、「ライブラリ」をタップし、「自分の動画」をタップ。

**2** 変更する動画のをタップし、「編集」をタップ。

**3** 説明文を入力。タグにキーワードを入力し、「改行」(Androidの場合は半角のカンマ「,」で区切る)をタップ。複数入力する場合は続けて入力する。できたら右上の「保存」をタップ。

ONE POINT

#### タグとは

タグは、動画に付けるキーワードのことで、検索結果や関連する動画に表示させることができます。ただし、関連性のないタグや誤解を招くタグは禁止されています。違反した場合は動画がロックされて非公開になるので気を付けてください。

## パソコン版で説明やタグを追加する

1 右上のアカウントアイコンをクリックし、「YouTube Studio」をクリック。

2 左の一覧から「動画の管理」をクリックし「動画」をクリック。編集する動画の「詳細」ボタンをクリック。

3 説明とタグを追加し、「保存」をクリック。

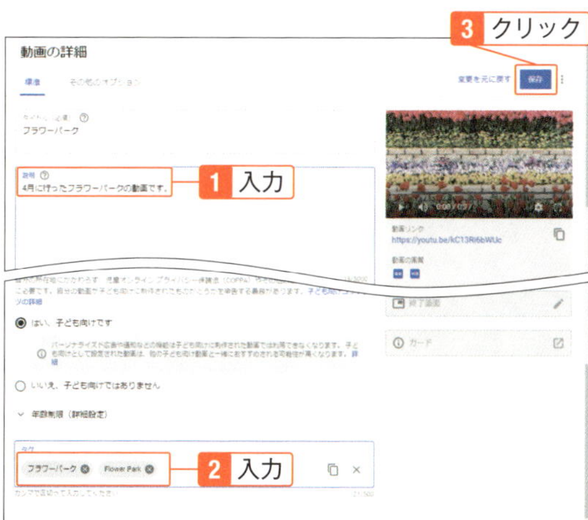


03 動画を公開したり、共有しよう

03-07
SECTION

# 投稿した動画を削除する

## 不審に思われる場合もあるので、あまり頻繁に削除しない方がいい

「間違えて別の動画を投稿してしまった」というときは、簡単に削除できます。試しに投稿した動画はもちろん、仮に公開してしまった動画でも削除は可能です。ただし、あまりにも削除が多いと視聴者が戸惑うでしょう。また、やみくもに削除すると、端末に残っていない大事な動画を削除してしまうかもしれないので気を付けてください。

### スマホ版で動画を削除する

1 スマホのYouTubeアプリで「ライブラリ」の「自分の動画」をタップ。

2 削除する動画の ⋮ をタップし、「削除」をタップ。

3 「削除」をタップすると削除される。ただし、削除した動画は元に戻せないので慎重に操作する。

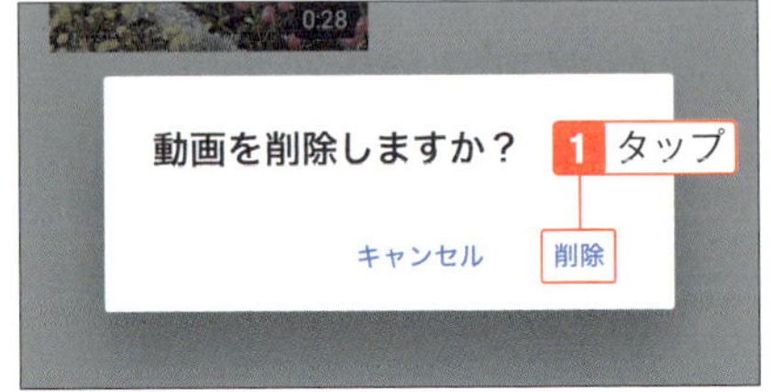

## パソコン版で投稿した動画を削除する

**1** パソコン版YouTube Studioで、「動画」をクリックし、削除したい動画の ⋮ をクリック。

### 削除は慎重に

スマホもパソコンでも動画を削除すると、戻すことはできないので慎重に操作してください。

**2** 「完全に削除」をクリック。

**3** チェックを付けて、「完全に削除」をクリック。

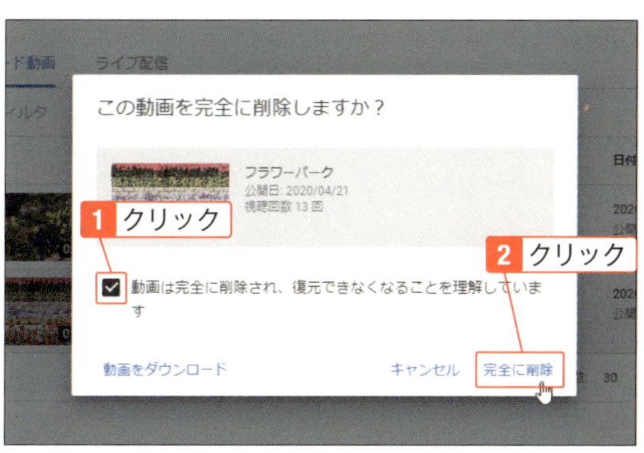

03-08
SECTION

# 非公開の動画を公開する

## まずは非公開で投稿し、チェックしてから公開にするのもおすすめ

SECTION 03-03では、動画の投稿時に公開や非公開を選択できることを説明しました。タイトルや説明文が決まっていない場合は、取りあえず非公開にしておき、後で公開することができます。また、パソコンで動画編集する場合も、いったん非公開にしておき、後で公開するとよいでしょう。ここでは、非公開から公開する方法を説明します。

### スマホ版で非公開の動画を公開する

**1** スマホのYouTubeアプリで「ライブラリ」の「自分の動画」をタップ。

**2** 非公開にする動画の⋮をタップし、「編集」をタップ。

**3** ここでは「公開」に設定し、「保存」をタップ。

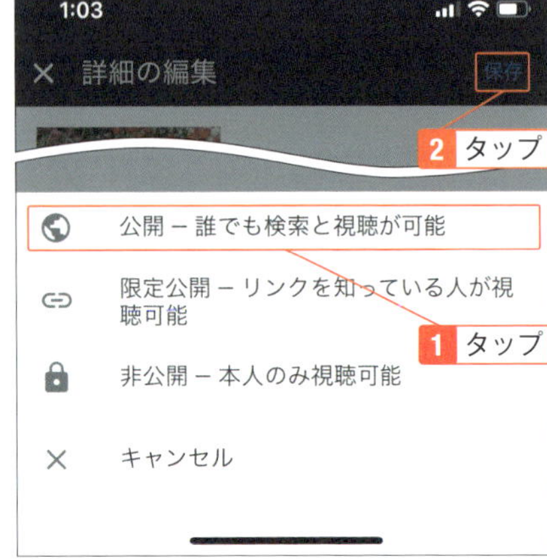

## パソコン版で非公開の動画を公開する

**1** パソコン版YouTube Studioで、「動画」をクリックし、公開する動画の公開設定の▼をクリック。

**2** 「公開」をクリックし、続いて右下の「公開」をクリック。

**3** 「公開」と表示され、誰でも見られるようになる。

### 動画の詳細画面で公開設定をするには

手順１の画面で「詳細」ボタンをクリックして動画の詳細画面を表示し、「公開設定」をクリックして公開にすることも可能です。

# 評価を非公開にする

## 付いた評価で動画の印象が損なわれるのが心配な場合に

たとえ悪い評価を付けられても、YouTubeからお咎めがあるわけではないので、それほど気にすることはありません。もし、会社やお店の動画で、イメージに影響するようなら、評価を非公開にすることもできます。ここでは特定の動画の評価欄を非公開にする方法を説明しますが、デフォルトで非公開にすることも可能です。

## スマホ版で評価を見えないようにする

**1** YouTube Studioアプリを起動し、☰をタップ。

**2** 「動画」をタップ。

**3** 編集する動画をタップ。

### YouTube Studioアプリとは

スマホで投稿動画を管理するには、YouTubeアプリとは別に、YouTube Studioというアプリが必要です。YouTubeアプリのダウンロード（SECTION02-01）と同様に、AppStore(Androidの場合はPlayストア）で検索してインストールします。あるいは、YouTubeの画面右上にあるアカウントアイコンをタップし、「YouTube Studio」をタップするとインストール画面が表示されます。

### 評価を非公開にできる

悪い評価を見せたくないときには、付けられた評価の数を見えないようにすることができます。ただし、評価ボタンは表示されるので、視聴者は評価を付けることはできます。

**4** 鉛筆のアイコンをタップ。

### 子供向け動画の設定

スマホのYouTubeアプリで動画を投稿した場合、手順5の画面で子供向けの動画か否かを設定する必要があります。

**5** 「オプション」タブ(Androidの場合は「詳細設定」タブ)をタップし、「この動画の評価をユーザーに表示する」をタップしてオフ(灰色)にし、「保存」をタップ。

## パソコン版で評価を見えないようにする

**1** パソコン版YouTube Studioの画面で、編集する動画の「詳細」ボタンをクリック。

**2** 「その他のオプション」タブをクリックし、「この動画の評価をユーザーに表示する」のチェックをはずす。「保存」ボタンをクリック。

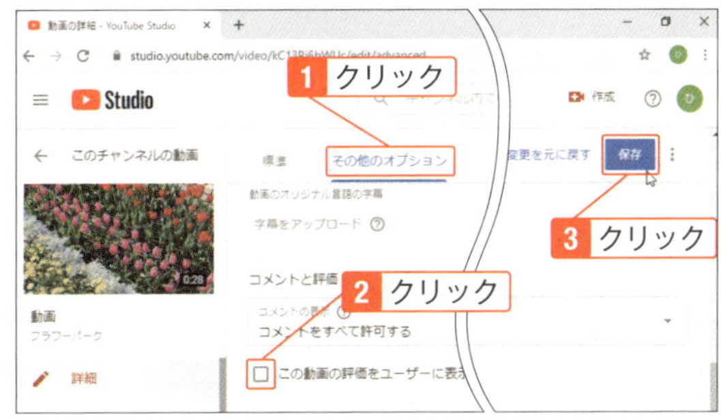

### デフォルトで評価を非公開にするには

すべての動画の評価を表示させたくない場合は、パソコン版YouTube Studioの画面左にある「設定」をクリックし、「アップロード動画のデフォルト設定」をクリックし、「詳細設定」タブの「この動画の評価をユーザーに表示する」をオフにします。

03-10 SECTION

# 動画のサムネイルを変更する

## 他の検索結果に埋もれないよう、サムネイルも工夫しよう

動画の検索結果に表示される動画一覧には、その動画の縮小画像が表示されます。視聴者はその画像を見て再生するので、画像が適当だと多くの人に見てもらえません。そこで、その縮小画像を変更する方法を説明します。オリジナルの画像にすることもできるので、会社名やお店の名前を入れた画像などにすることも可能です。

### スマホ版でサムネイルを変更する

1 SECTION03-09の手順4で鉛筆のアイコンをタップ。

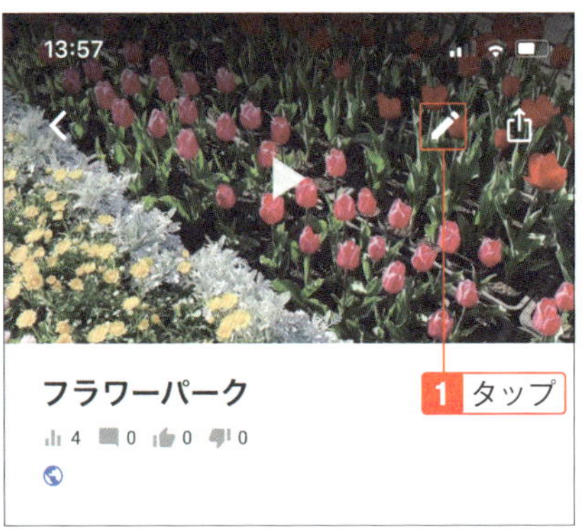


2 「サムネイルを編集」(写真)をタップ。

3 サムネイルをタップして他の画像を選択できる。一覧にない画像を使いたい場合は「カスタムサムネイル」をタップ。

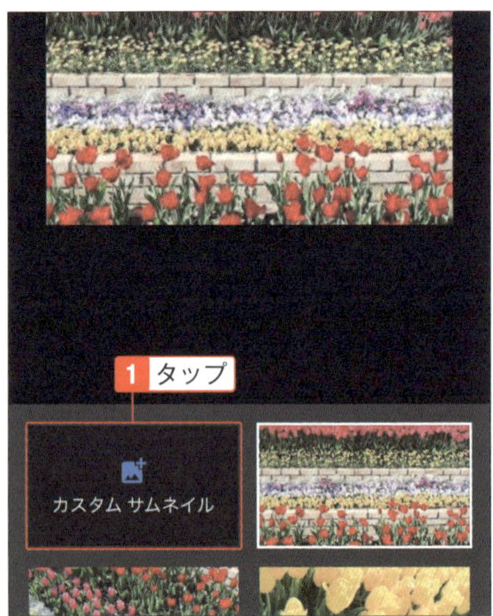

**サムネイルとは**

サムネイルは、動画一覧に表示される静止画のことです。動画をアップロードすると、動画の最初、中間、最後の3枚の画像が自動的に抜粋され、その中から選べます。また、次のページのように任意の画像を設定することもできます。

**4** 画像を選択。

**5** アップロードした画像を選択した状態で「選択」をタップ。

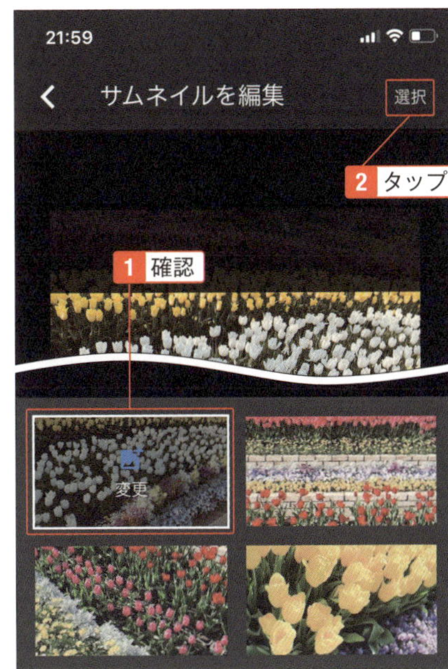


## ONE POINT カスタムサムネイルを使用するには

カスタムサムネイルは、SECTION03-05のアカウント確認をしていないと使うことができません。アカウント確認が完了しているか否かは、パソコン版YouTube Studioの画面左の「設定」をクリックし、「チャンネル」➡「機能の利用資格」で確認できます。

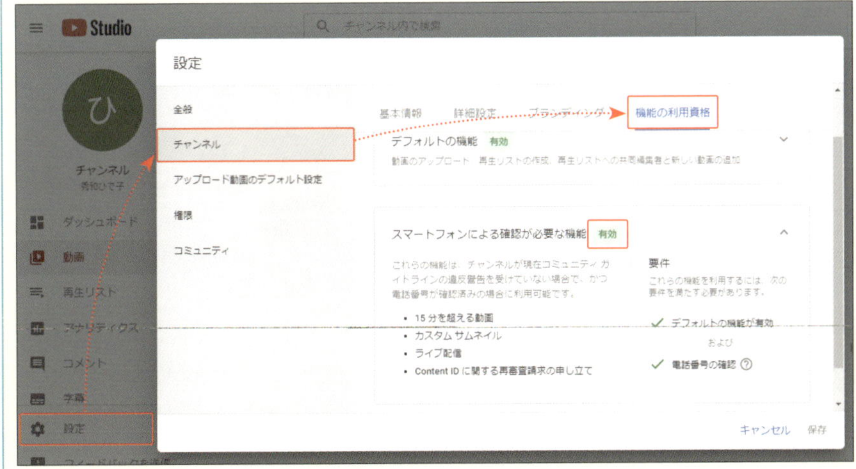

## パソコン版でサムネイルを変更する

**1** パソコン版YouTubeの画面で、動画の編集画面を表示する（SECTION 03-06参照）。現在のサムネイルは四角で囲まれている。

**2** 別のサムネイルをクリック。その他の画像にする場合は「サムネイルをアップロード」をクリックして画像を選択する。「保存」ボタンをクリック。

**3** 左側のメニューにある「動画」をクリック。サムネイルが変更された。

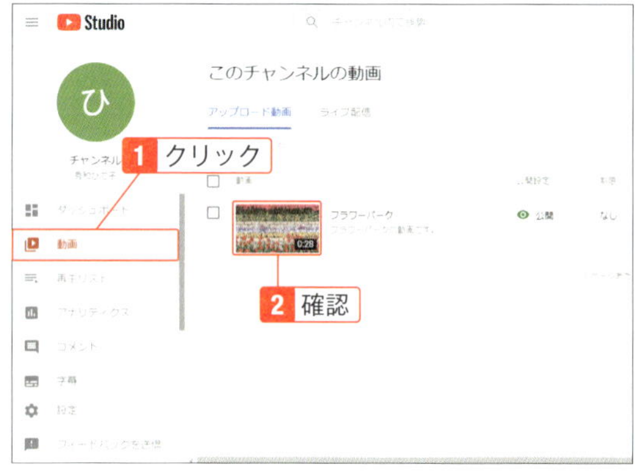


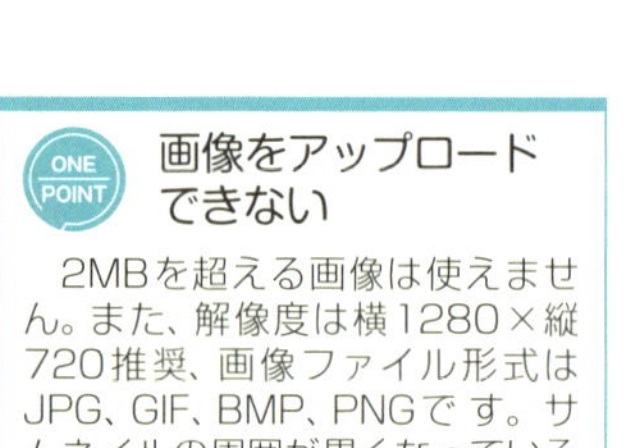

ONE POINT

### 画像をアップロードできない

2MBを超える画像は使えません。また、解像度は横1280×縦720推奨、画像ファイル形式はJPG、GIF、BMP、PNGです。サムネイルの周囲が黒くなっている場合は、解像度を画像編集アプリで変更すると解決します。

# 予約投稿機能を使う

## 早朝/深夜の公開や、公開したい日に自分が不在の場合に

いつ動画を投稿するかは、どの層の視聴者に見てもらいたいかを考えます。会社員をターゲットにしているのなら、仕事が終わって夕飯を食べ終えた時間帯、主婦の場合は子供を寝かしつけた後の時間帯など、計算して投稿します。ただし、その時間まで待っているのは大変なので、そういったときのために予約投稿機能があります。

### スマホで投稿を予約する

**1** YouTubeアプリで、非公開設定でアップロードした後、YouTube Studioの動画の編集画面（SECTION03-09の手順4）で鉛筆のアイコンをタップ。

**2** 「プライバシー」をタップ。

**3** 「公開予約」をタップ。

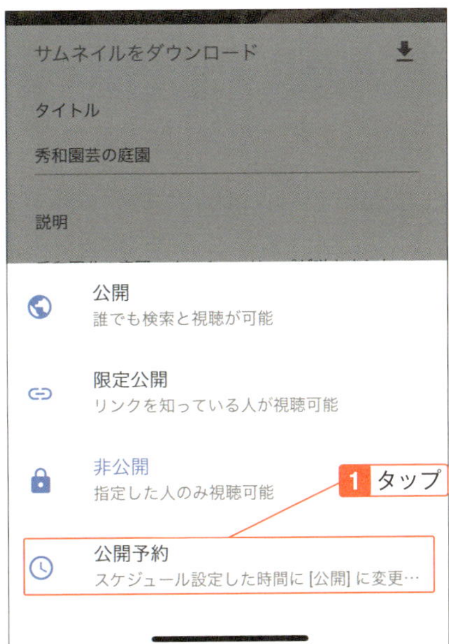

**予約投稿とは**

公開する時間を指定してアップロードすることができます。指定時間になるまでは非公開のままです。執筆時点では、スマホでの投稿は、一旦非公開で投稿し、YouTube Studioの編集画面で予約を設定します。

**4** 日にちを選択して「OK」をタップ。同様に時間も指定する。

**5** 「保存」をタップ。

### 解説と画面が異なる

YouTube Studioは随時更新され、機能の追加や画面変更があります。そのため、執筆時点の画面と異なる場合があります。

## パソコン版で投稿を予約する

**1** パソコン版YouTubeの画面で、 をクリックし、「動画をアップロード」をクリック(YouTube Studioを表示している場合は、画面右上のプロフィールアイコンをクリックして「YouTube」をクリック)。

**2** 「ファイルを選択」をクリックして動画を選択する。

SECTION03-04の手順4の画面まで進んだら「スケジュールを設定」をクリック。

## 投稿する時間帯を意識する

どの層の視聴者に見てもらいたいかを考えて投稿すると、確実に視聴回数が上がります。たとえば、あるユーチューバーは小学生をターゲットにしているので、毎日19時に投稿するように工夫しています。動画の内容によって最適な時間帯が異なるので計算して予約時間を決めましょう。

投稿する日時を指定し、「スケジュールを設定」をクリック。

## プレミア公開とは

手順4にある「プレミア公開として設定する」にチェックを付けると、映画のプレミア上映のように、投稿者と視聴者が新作動画を同時に観て楽しむことができます。

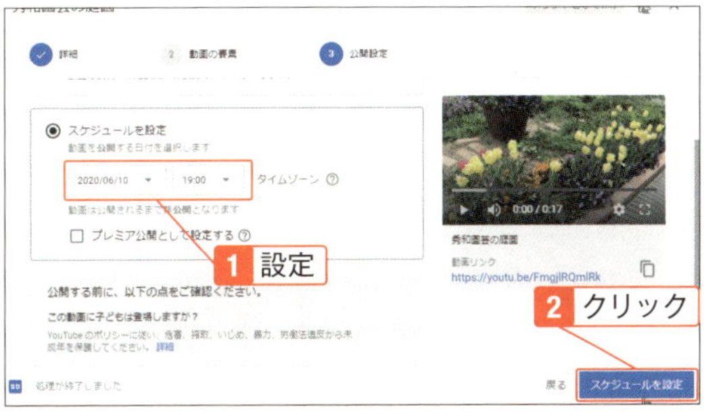

「閉じる」をクリック。

## 後から時間を変更するには

公開時刻を変更したい場合は、動画の編集画面を表示させます（SECTION 03-06参照）。「標準」タブの「公開設定」をクリックして日時を設定し、「完了」をクリックします。

03-12
SECTION

# 動画のカテゴリを設定する

## 視聴者が動画を探せるように設定しておこう

投稿した動画にカテゴリを設定しましょう。例えば、音楽の動画を探している人は、カテゴリが音楽であると探しやすくなります。スマホで投稿する場合は投稿時にカテゴリを設定することはできないので、投稿した後にYouTube Studioアプリでカテゴリを設定します。パソコンの場合は投稿時に設定することも後から設定することも可能です。

### スマホ版でカテゴリを設定する

**1** SECTION03-09の手順4で鉛筆のアイコンをタップ。

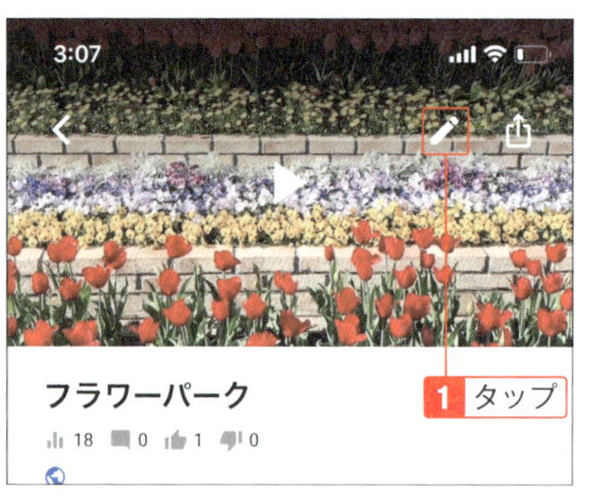


**2** 「オプション」(Androidの場合は「詳細設定」)タブをタップし、カテゴリを選択して「保存」をタップ。

### パソコン版でカテゴリを設定するには

パソコンの場合は、「動画の詳細」の画面(SECTION03-06の手順3)で、「その他のオプション」タブをクリックし、「カテゴリ」で設定し、「保存」をクリックします。また、パソコンの場合は投稿時(SECTION03-04の手順3)に「その他のオプション」をクリックして設定することもできます。

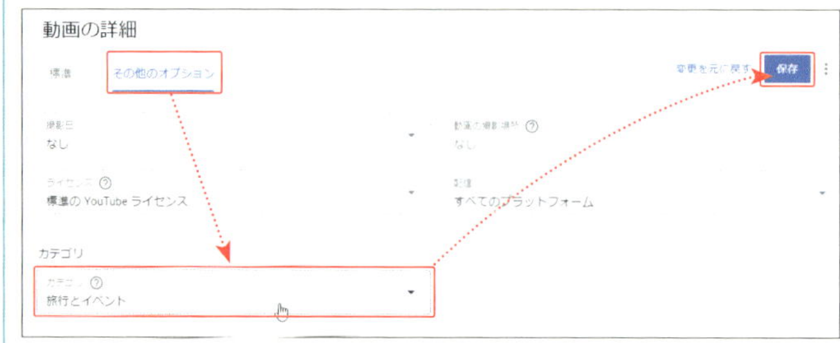

03-13
SECTION

# コメントにNG用語を設定する

## 公序良俗に反するような用語を書き込まれないためにも有効

人気が出れば出るほど、さまざま人が見に来るので、不快なコメントもあるかもしれません。もし、不快な単語がコメントに入力された場合は、その単語をブロックしましょう。そのブロックしている単語が入力された場合は、承認しないとコメントが公開されないようにできます。炎上対策の一つとして活用して下さい。



### ブロックする単語を設定する

1 パソコン版YouTube Studioの画面で、「設定」をクリックし、「コミュニティ」をクリック。

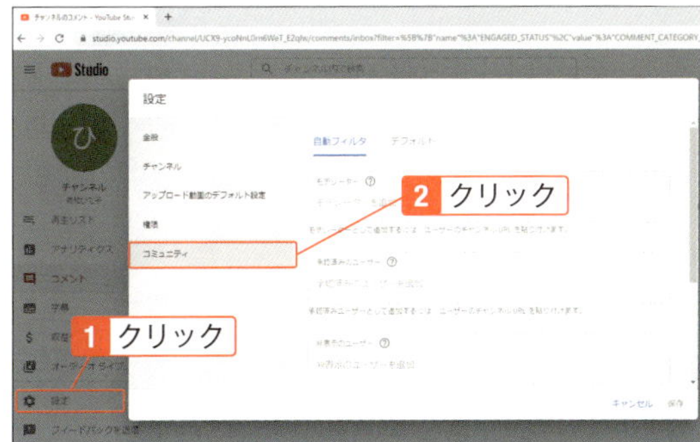

### ブロックする単語とは

ネット上にはさまざまな人がいます。万が一、不快に思う単語が書かれることがあったら、その単語が入ったコメントは承認制にすることができます。

2 「ブロックする単語」に入力されたくない単語を入力し、【Enter】キーを押す。他の単語も入力し、「保存」をクリック。

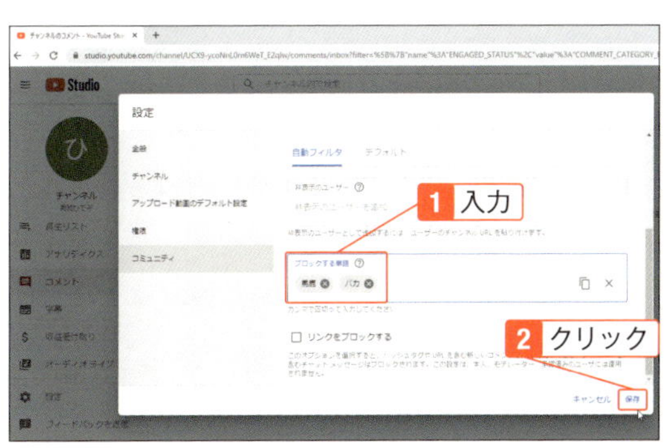

# コメントを承認制にする

**悪意があったり、スパムのようなコメントは表示したくない場合に**

視聴回数が増えてくると、いろいろな人が見に来るようになります。なかには少々不愉快なコメントを書く人もいるかもしれません。そうなると会社やお店のイメージダウンになりかねません。そこで、コメントをチェックしてから公開する方法があるので紹介しましょう。炎上対策としても使えるので検討してみてください。

## コメントの承認制を設定する

**1** パソコン版YouTube Studioの画面で、「動画」をクリックし、鉛筆のアイコンをクリック。

### YouTube Studioに切り替えるには

YouTubeからYouTube Studioに切り替えるには、右上のアカウントアイコンをクリックして「YouTube Studio」をクリックします。

**2** 「その他のオプション」をクリックし、「コメントの表示」をクリック。

### コメントを承認制にするとは

既定では、動画へのコメントを誰でも入力できるようになっています。そのため、視聴者が増えてくると不快なコメントが書き込まれることがあります。コメントの内容をチェックしてから公開するには、「承認制」を選択します。

**3** 「すべてのコメントを保留して確認する」をクリック。

**4** 右上の「保存」をクリック。

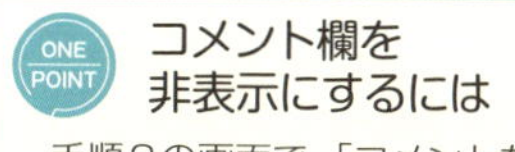

**ONE POINT コメント欄を非表示にするには**

手順3の画面で、「コメントを無効にする」にすると、コメント欄が非表示になります。

## パソコン版でコメントを承認する

**1** 「コメント」をクリック。

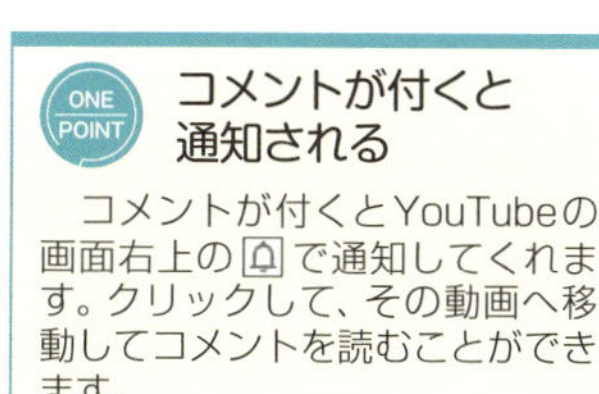

**ONE POINT コメントが付くと通知される**

コメントが付くとYouTubeの画面右上の🔔で通知してくれます。クリックして、その動画へ移動してコメントを読むことができます。

**2** 「確認のために保留中」をクリックし、コメントを公開する場合は☑をクリック。

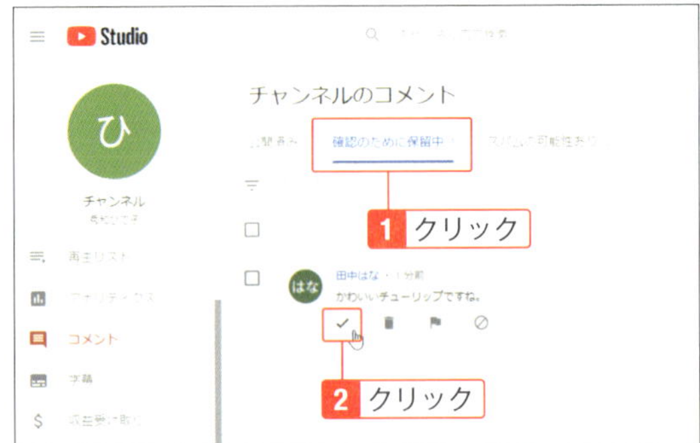


**3** 承認された。

**4** 「公開済み」をクリックするとコメントが公開されたことがわかる。

## コメントを削除するには

投稿されたコメントを削除したい場合は、⋮をクリックして「削除」をクリックします。

## スマホ版でコメントを承認する

**1** YouTube Studioアプリの☰をタップ。

**2** 「コメント」をタップ。

**3** 上部の「公開済み」をタップし、「確認のために保留中」をタップ。

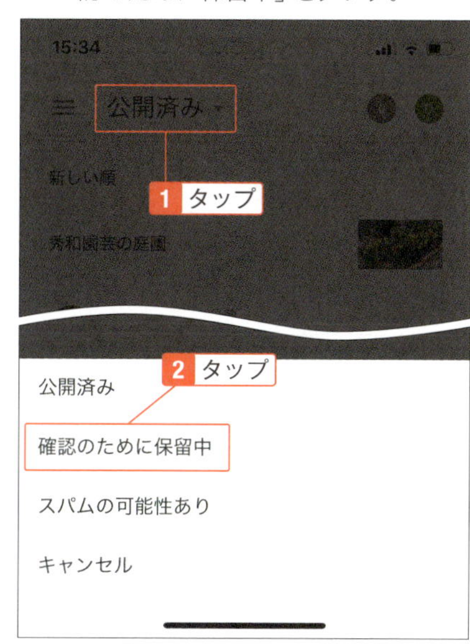


**4** 承認する場合は「チェック」をタップ。

SECTION 03-15

# 特定の人のコメントだけを常に承認する

## ある程度固定のユーザー同士でやり取りが多い場合に

コメントを承認制にしているとき、社員や仲間などのコメントもその都度承認しなければならないので面倒です。そのようなときは、承認済みユーザーとして登録しておけば、承認の操作をしなくてもすぐに公開されます。間違えて登録した場合や除外したい場合は、承認済みユーザーを解除すればよいだけです。

### 承認済みユーザーを設定する

**1** パソコン版YouTube Studioの画面で「コメント」をクリック。コメントの右端にある⋮をクリックし、「このユーザーのコメントを常に承認する」をクリック。

**2** 「設定」をクリック。

**ONE POINT 承認済みユーザーとは**

コメントを承認制にしている場合でも、特定のユーザーのコメントを自動的に承認することができます。一旦承認済みにしたユーザーを解除することもできます。

3 「コミュニティ」をクリック。「承認済みのユーザー」に表示される。

## 承認済みユーザーを解除する

1 「コミュニティ」をクリック。「承認済みのユーザー」で解除するユーザーの「×」をクリック。

2 「保存」をクリック。「承認済みのユーザー」から削除される。

SECTION 03-16

# 特定の人からのコメントをブロックする

**悪意のあるコメントを放置しておくと、チャンネル全体の印象が悪くなる**

視聴者が増えてきて、特定の人から不愉快なコメントが続いたら、ブロックすることもできます。その際、本人の画面にはコメントが表示されますが、他の人の画面には表示されないので気づかれずにブロックできます。ただし、万が一相手に気づかれた場合、逆効果になることもあるので慎重に操作してください。

## ユーザーをブロックする

1 パソコン版YouTube Studioの画面で、「コメント」をクリックし、⋮をクリック。

**ブロックとは**

ここでの操作を行うと、チャンネルにあるすべての動画で、特定の投稿者のコメントを非表示にできます。

2 「ユーザーをチャンネルに表示しない」をクリック。

## ブロックを解除する

1 「設定」をクリックし、「コミュニティ」をクリック。非表示ユーザーの「×」をクリックし、画面右下の「保存」をクリック。

## スマホでユーザーをブロックする

**1** YouTube Studioアプリの☰をタップ。

**2** 「コメント」をタップ。

**3** 「公開済み」にし、⋮をタップし、「ユーザーをチャンネルに表示しない」をタップ。

03 動画を公開したり、共有しよう

SECTION 03-17

# 投稿した動画を再生リストでまとめる

### 「何をテーマにしているのか」視聴者がきちんとわかるリストにしよう

SECTION 02-19では、視聴者の立場で再生リストを作成しましたが、自分が投稿した動画を再生リストにして、他の人に見てもらうこともできます。チャンネルページで紹介したり、動画の中で再生リストへ誘導したりできるので、特に見てもらいたい動画はリストとしてまとめておきましょう。

## 再生リストを作成して投稿動画を追加する

**1** パソコン版YouTube Studioの画面で「動画」をクリック。

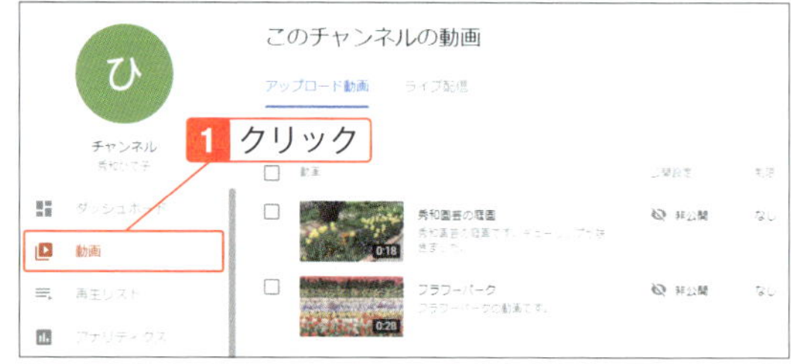


**2** 動画のチェックボックスをクリックしてチェックを付け、「再生リストに追加」をクリック。

**再生リストの公開**

SECTION 02-19で、他の人の動画を再生リストにしてまとめましたが、自分が投稿した動画をまとめて再生リストにすることもできます。

**3** 「新しい再生リスト」をクリック。

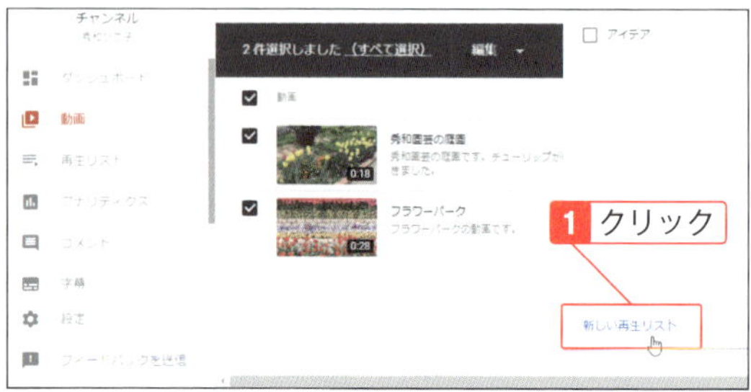

4 再生リストに付ける名前を入力する。公開するか否かを選択し、「作成」をクリック。

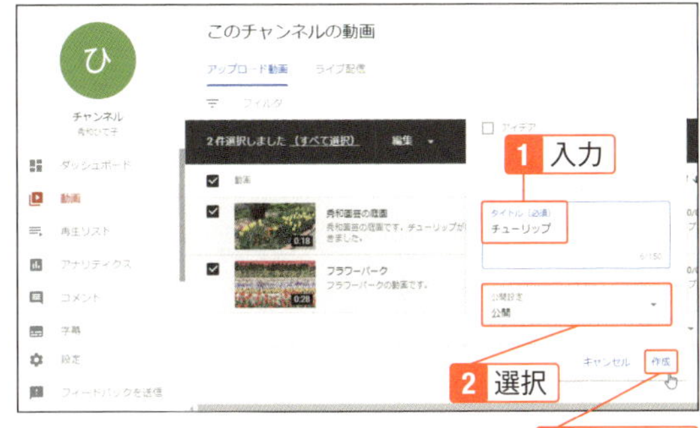


5 「保存」ボタンをクリックすると再生リストが作成される。

### スマホで投稿した動画を再生リストにするには

スマホのYouTubeアプリの場合は、「ライブラリ」の「自分の動画」をタップします。動画の右端にある⋮をタップして、「再生リストに保存」をタップし、「新しいプレイリスト」をタップします。なお、執筆時点での操作方法なので、今後アプリが更新され操作方法が変わる場合があります。

### 再生リストのサムネイルを変更するには

再生リストのサムネイルは一番上にある動画のサムネイルが表示されますが、パソコン版では、途中にある動画をサムネイルにすることもできます。YouTubeの画面左の一覧から編集する再生リストをクリックし、動画の右端をポイントし⋮をクリックして「再生リストのサムネイルとして設定」をクリックします。

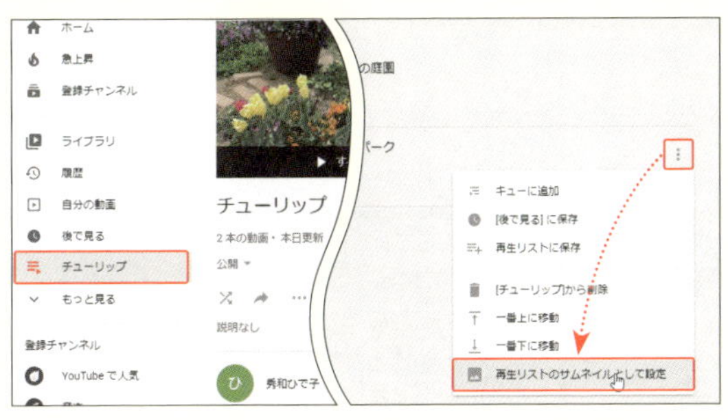

03-18
SECTION

# リンクを知っている人だけが動画を見られるようにする

## メールでURLを送れば、相手はクリックで簡単に動画が見られる

たとえば、「新製品の動画を会社の人達やお客さんだけに見せたい」といったとき、全員がGoogleアカウントを持っているわけではありません。一人一人登録するのも面倒です。そこで、リンクを使って動画を見てもらう方法があるので紹介します。ただし、リンクを知られると他の人も見えてしまうので気を付けてください。

### パソコン版で動画を限定公開にする

1 パソコン版YouTube Studioの画面で動画の編集画面を表示する（SECTION 03-06参照）。「公開設定」をクリック。

2 限定公開にする。ここに表示されている動画のURLを知っている人は誰でも視聴できる。URLの右側にある[コピー]をクリックするとリンクをコピーできる。

**限定公開とは**

限定公開は、リンクを知っている人だけが動画を見られる方法で、検索結果や関連動画には表示されません。Googleアカウントを持っていない人にも見せることができます。ただし、リンクのURLが他の人に知れ渡ってしまうと見られてしまいます。

## 動画へのリンクを送る

**1** 動画のURLへアクセスし、動画の下にある「共有」をクリックし、 をクリック。

**2** メールアプリを選択すると起動する。相手のアドレスを入力し、文章を入力し、送信をクリック。

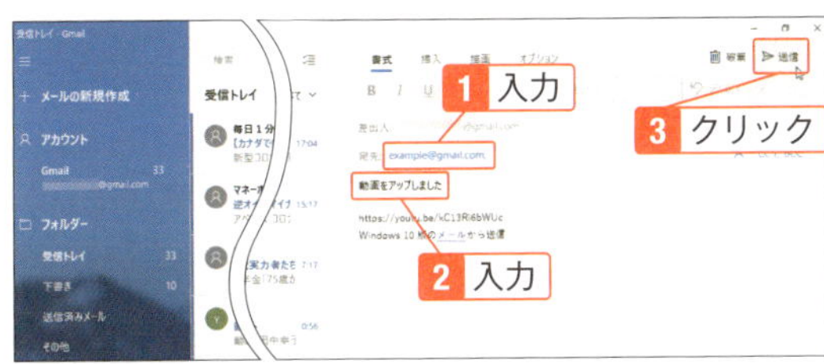

### 複数の動画を見てもらうには

複数の動画を見てもらう場合はSECTION 02-19の方法で再生リストを作成し、「限定公開」にします。YouTubeの画面左の「ライブラリ」をクリックして、共有したい再生リストをクリックします。動画の下にある、「共有」をクリックするとURLを送信できます。

**3** メールを受け取った相手は、リンクをクリックすると動画を見られる。

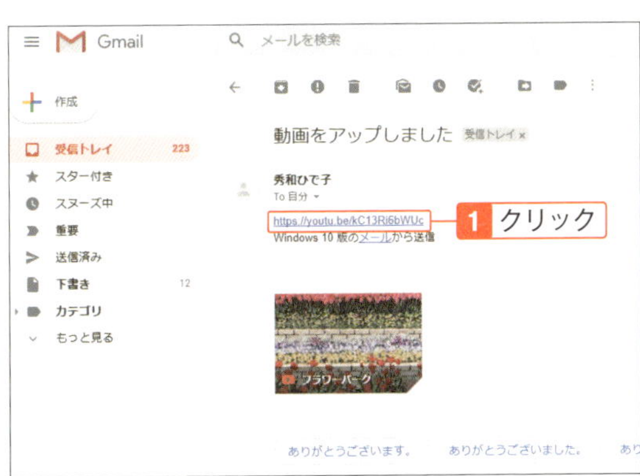

### スマホで動画を共有するには

スマホの場合は、動画の下にある共有ボタン をタップして「コピー」をタップすると、リンクがコピーされるので貼り付けることができます。また、LINEなどのアプリをタップして送ることも可能です。

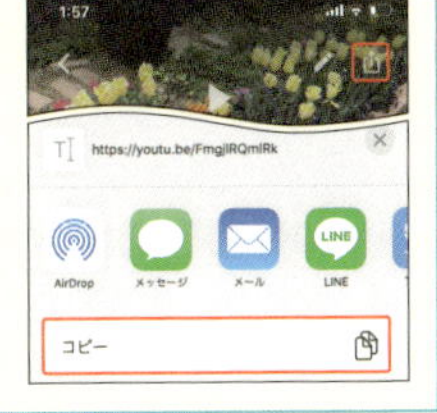

03-19
SECTION

# 自分のブログへ YouTube動画を埋め込む

## ブログの読者なら、記事に埋め込めば高確率で再生してくれる

以前からブログを使っている人もいるはずです。せっかくですから、ブログでも動画を宣伝しましょう。YouTubeの動画は、ブログの記事内に簡単に貼り付けることができます。会社やお店のブログの場合は、常連客が動画を見てくれるので、視聴回数を増やせるチャンスです。上手く利用して多くの人に見てもらいましょう。

### アメーバブログに動画を埋め込む

パソコン版YouTubeで、投稿した動画を表示する。下にある「共有」をクリックし、「>」をクリックして「アメーバブログ」のボタンをクリック。アメーバブログにはログインしておく。

**ONE POINT 投稿した動画を表示するには**

動画のURLで直接アクセスするか、YouTube Studioの「動画の管理」の「動画」をクリックし、一覧から動画を選んでクリックします。

タイトルと文章を入力して「全員に公開」または「アメンバー限定公開」をクリック。

**ONE POINT 共有ボタンがあるブログ**

アメーバブログの他、gooブログ、楽天ブログ、Bloggerなどもボタンをクリックして埋め込むことができます。その他のブログの場合は、次のページで説明します。なお、指定の方法以外でYouTube動画を埋め込むことは禁止されています。

## コードをブログに埋め込む

**1** 「共有」をクリックし、「埋め込む」をクリック。

### ブログ上で再生できない

投稿した動画の編集画面(SECTION 03-06参照)の「その他のオプション」タブで、「埋め込みを許可する」のチェックがはずれている場合は、ブログ上では再生できません。

その他のオプション
埋め込みを許可する
[登録チャンネル] フィードに公開してチャンネル登録者への通知を許可する

**2** 「コピー」をクリックするとコードがコピーされる。

### TwitterやFacebookにYouTube動画を埋め込むには

あらかじめTwitterまたはFacebookにログインしておき、手順1の画面で「Twitter」または「Facebook」をクリックします。

**3** 利用しているブログのHTML編集画面を表示し、右クリックして「貼り付け」をクリック。

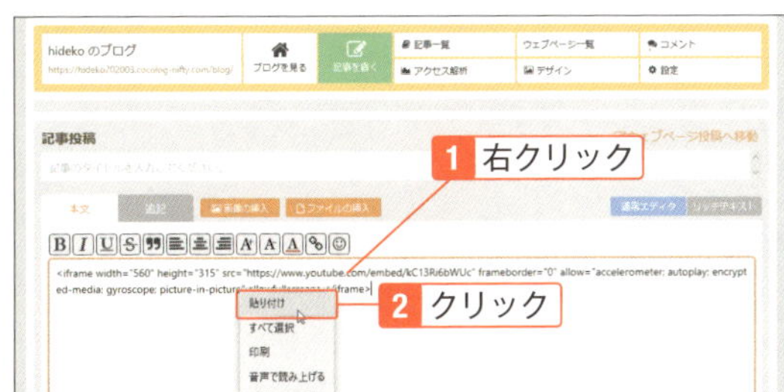

### プレーヤーのコントロールを表示する

動画に「再生」ボタンなどのコントロールボタンを表示させる場合は、手順2の画面でスクロールし下部にある「プレーヤーのコントロールバーを表示する」にチェックを付けます。

03-20
SECTION

# YouTubeに公開した動画をプレゼンで使う

## 「写真＋文字」で伝えづらいと思ったら、動画をスライドに入れよう

プレゼンテーションでは、写真だけでなく動画を入れることもあります。動画というと難しそうに思うかもしれませんが、YouTubeを使えば簡単に入れられます。ここでは、Googleのプレゼンテーションアプリ「Googleスライド」を使って動画の挿入方法を説明します。PowerPointを使っている場合についても、ONE POINTで補足します。

## Googleスライドに動画を貼り付ける

**1** パソコン版YouTube Studioの画面で、「動画リンク」の ボタンをクリックして投稿した動画のURLをコピーしておく。

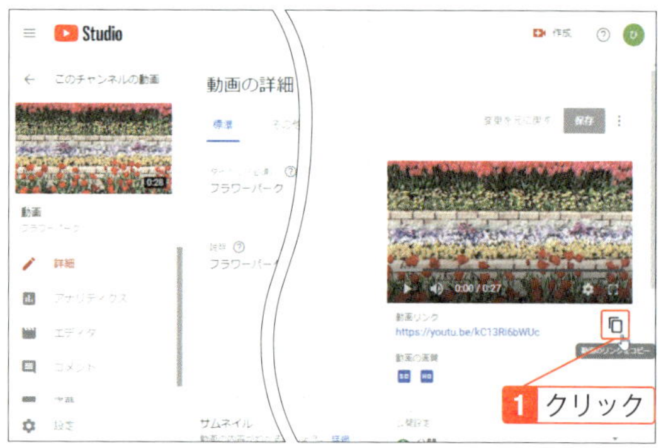


**2** Googleスライド（https://docs.google.com/presentation/）にアクセスし、動画を入れるスライドを表示する。「挿入」メニューの「動画」をクリック。

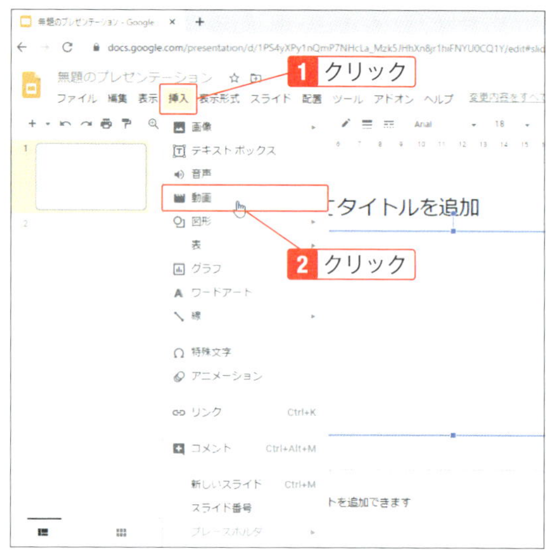

### Googleスライドとは

Googleが無料で提供しているプレゼンテーション資料を作成できるアプリです。作成したスライドをマイクロソフトのプレゼンテーションアプリ「PowerPoint」の形式で保存することができ、PowerPointのファイルを開くこともできます（一部反映されない機能もあります）。

3 「URL」タブをクリックし、ボックスの上で右クリックして「貼り付け」をクリック。

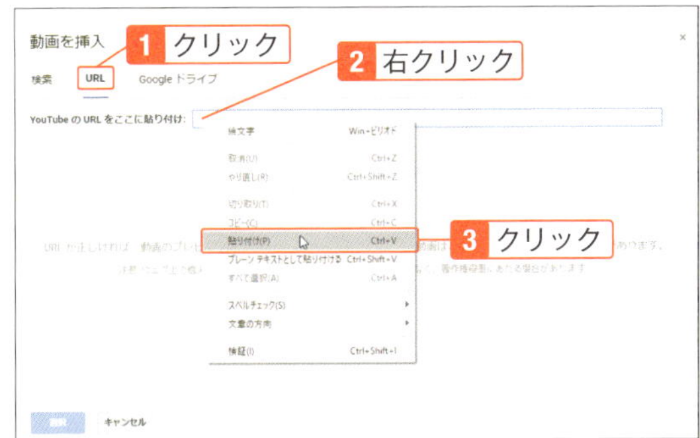


4 「選択」ボタンをクリック。

5 貼り付けられた。周囲のハンドル（■）をドラッグして大きさを調整する。

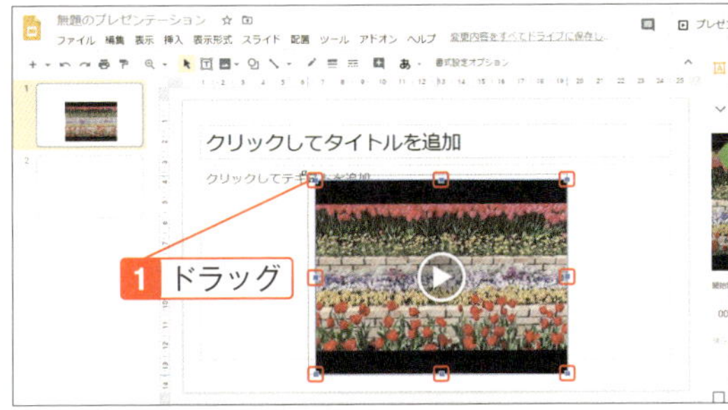

## PowerPointのスライドに埋め込むには

PowerPointの場合は、スライドを開き、「挿入」タブの「ビデオ」をクリックし、「オンラインビデオ」をクリックします。動画のURLを貼り付けたら「挿入」ボタンをクリックします。

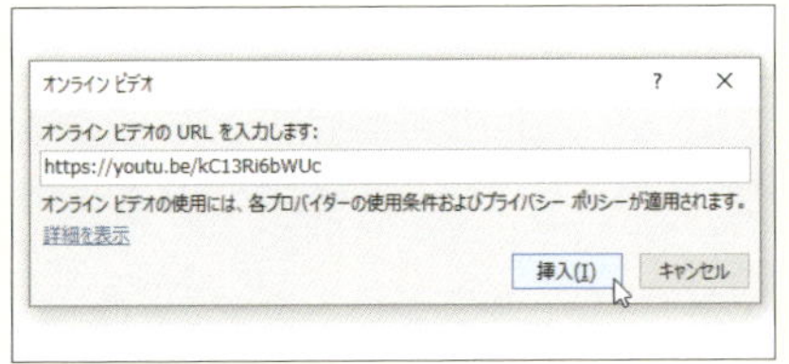

# 360°動画を投稿する

## 専用のカメラやアプリが必要だが、インパクト抜群の動画が作れる

SECTION02-27で、360°動画の視聴方法を説明しました。注目されている動画なので、投稿したらたくさんの人が見に来てくれるかもしれません。とは言っても、360°動画ですから準備が大変なのでは？と思うでしょう。実は、専用カメラさえあれば、だれでも投稿できます。ここでは、360°動画の投稿についておおまかに説明します。

## 360°動画の撮影に必要なもの

スマホでも360°の静止画は撮れますが、動画を撮影するには専用カメラが必要です。最近では、各社から360°の静止画と動画を撮影できるカメラが発売されていてSNSなどで使われています。360°カメラには全天球カメラと半天球カメラがあり、全天球カメラはレンズが2枚搭載されていて、360°全方位を撮影できます。半天球カメラはほとんどがレンズ1枚で、下部を除いた360°方位の撮影となります。

▲全天球カメラ　(RICOH THETA V)　https://theta360.com/ja/about/theta/v.html

## 360°動画用アプリ

360°カメラで撮影した動画をスマホやパソコンで視聴するにはアプリが必要です。また、YouTubeに投稿するには変換作業やメタデータの追加が必要になります。ですが、最近の360°カメラには専用アプリがあり、データの変換やメタデータの追加も簡単にできるようになっています。

たとえば、「RICOH THETA」の場合は、カメラとスマホをWiFi接続し、専用のスマホアプリを使って撮影し、スマホに取り込めます。取り込んだ動画はそのままYouTubeに投稿できます。パソコンで視聴するための専用アプリも用意されています。

スマホ用アプリ（RICOH THETA用）

▲スマホと360°カメラをWiFi接続し、アプリを使って撮影や取り込みができる。

### 360°動画をYouTubeに投稿するには

アップロード方法は通常の動画と同じです。なお、360°の撮影によって、予期せぬものが映り込んでしまうことがあるので、動画をチェックしてから公開するようにしましょう。

パソコン用アプリ（RICOH THETA用）

▲360°カメラで撮影した動画を変換してパソコンで視聴できる。

03-22
SECTION

# ライブ配信する

## チャットで視聴者とやり取りしながら配信することも可能

SECTION 02-33でライブ動画の視聴方法を説明しました。注目されやすい動画なので、アイデア次第でたくさんの人を呼ぶことができます。本格的な機器が必要なのでは？と思う人もいるでしょうが、ウェブカメラやウェブカメラ搭載パソコンでライブ配信ができるのです。ここでは、パソコンでの配信について紹介します。

### ライブ配信の準備をする

1 ウェブカメラ搭載PCでない場合はWebカメラとマイクを接続しておく。「作成」ボタンをクリックし、「ライブ配信を開始」をクリック。この後、マイクとカメラの許可のメッセージが表示されたら「許可」をクリック。

**ライブ配信するには**

パソコン、ウェブカメラまたはウェブカメラ搭載パソコンがあれば可能です。ただし、SECTION03-05のアカウントの確認が完了している必要があります。アカウントが有効になるまで24時間程度かかるので時間が経ってから操作してください。

2 「ウェブカメラ」になっていることを確認する。タイトルを入力し、公開するか否かを選択。

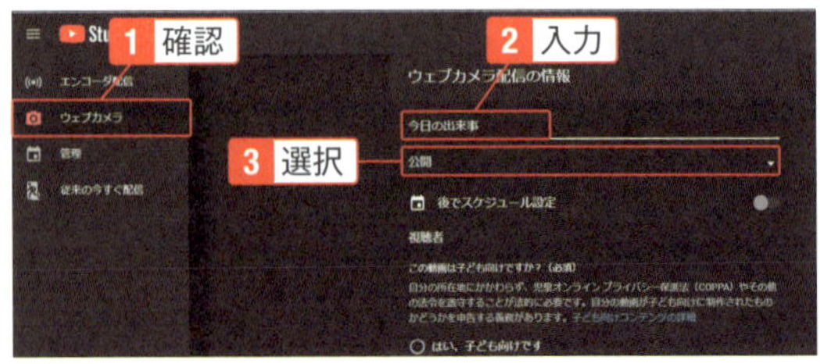

**配信スケジュールを設定する**

手順2の画面で、「後でスケジュール設定」をクリックすると、指定した時間に配信することが可能です。

**パソコンでのライブ配信**

パソコンでライブ配信する方法には、ウェブカメラ配信とエンコーダ配信があります。自分の顔や周囲を映す場合は、手順2の画面で「ウェブカメラ」、ゲームの実況中継やパソコン画面を配信する場合などは「エンコーダ配信」を選択します。

子供向けか否かを選択し、「次へ」をクリック。

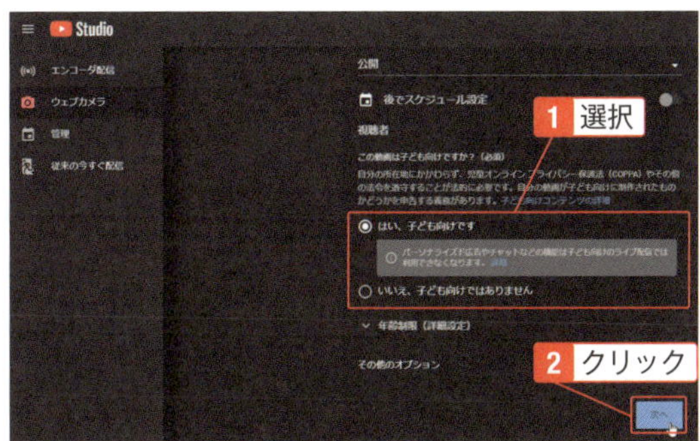


ONE POINT **チャットを使わない場合は**

チャットを使いたくない場合は、手順3の画面で「その他のオプション」をクリックして「詳細設定」をクリックし、「チャットを許可する」をオフにします。

**4** サムネイルの写真を撮影できる。

**5** 画像部分をポイントすると、写真を撮りなおすか、好きな画像アップロードして使うかを選択できる。ここでは「カスタムサムネイルをアップロード」をクリックして、画像を選択する。

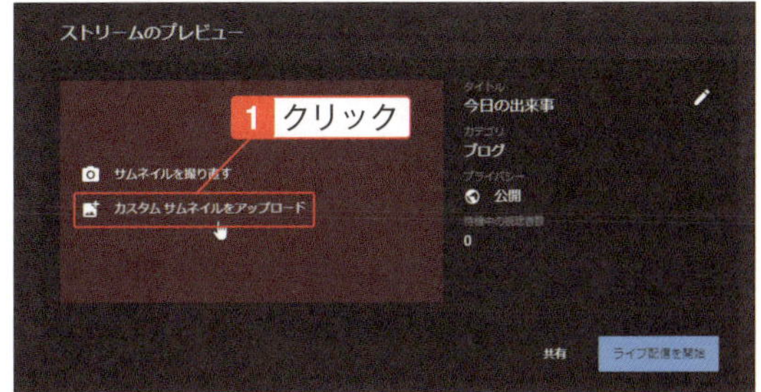

**スマホでライブ配信する**

スマホの場合は、YouTubeアプリの［■］をタップし、「ライブ配信を開始」をタップします。ただし、スマホのライブ配信はチャンネル登録者数が1000人以上でないと使えません。スマホなら、どこにいても使えるので外出先での実況中継などに便利なので、登録者が増えたら試してみてください。

**6** 「ライブ配信を開始」ボタンをクリック。

**7** 配信が始まる。左上に配信時間、現在の視聴者数、高評価数が表示される。停止するときは「ライブ配信を終了」をクリック。

## チャットを使う

前ページ手順3の画面で「いいえ、子ども向けではありません」を選択した場合は、右側にチャットのメッセージ欄が表示され、ライブを見ている人がコメントを入力できます。

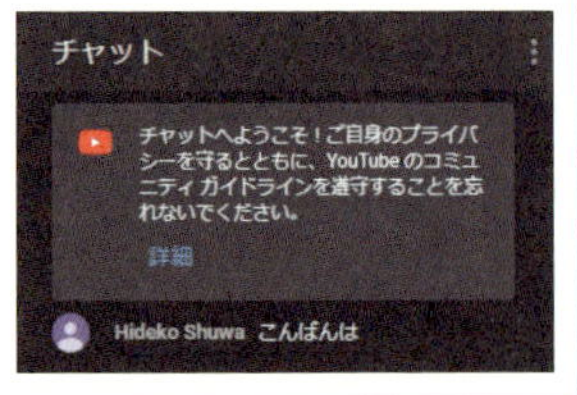


**8** 「終了」をクリック。

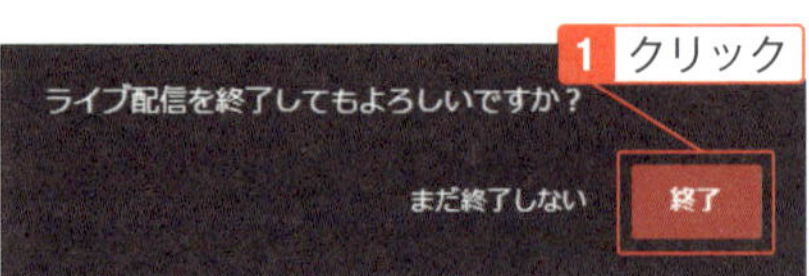

## 動画を編集する

手順9の画面で「STUDIOで編集」をクリックすると、動画の不要な部分を切り取ることができます（SECTION05-05参照）。

**9** 「閉じる」をクリック。

## 配信済み動画を見るには

YouTube Studioの画面左のメニューから「動画」をクリックし、「ライブ配信」タブをクリックすると、ライブ配信の動画一覧が表示されます。配信済みの動画を非公開に変更するなどの編集が可能です。

## エンコーダ配信する

**1** 左の一覧から「エンコーダ配信」をクリックし、タイトルと説明を入力。

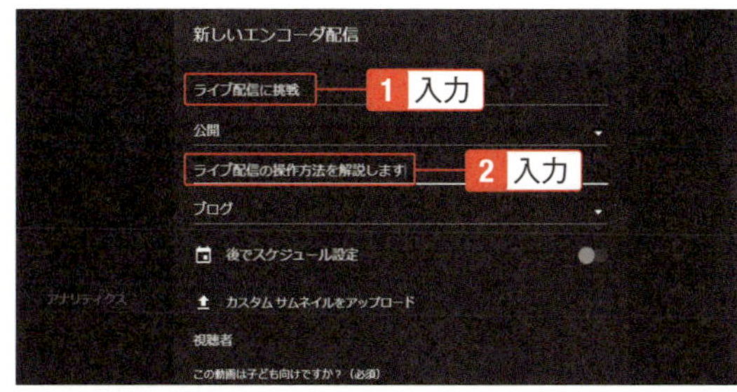


**2** 子供向けか否かを設定し、「エンコーダ配信を作成」をクリック。

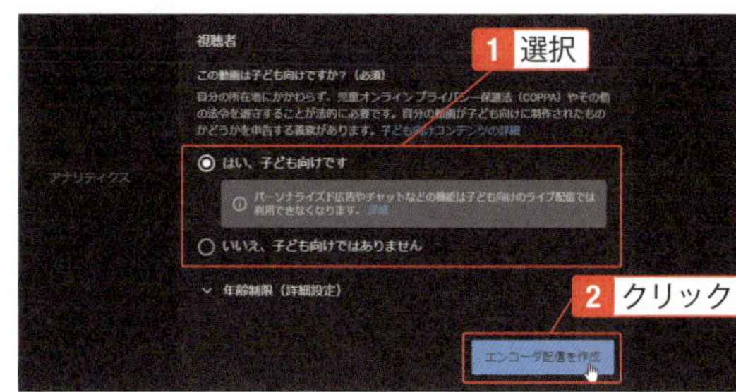

### エンコーダ配信とは

エンコーダ配信を使うと、パソコンの画面やゲーム機の画面を映し出して配信できます。それらを配信するには、エンコーダというソフトをダウンロードする必要があります。

**3** ストリームキーの「コピー」をクリック。

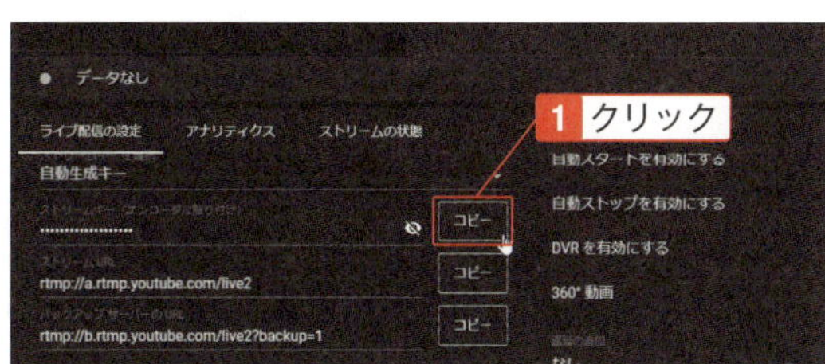

### ライブ配信でスーパーチャットを設置するには

SECTION02-33のライブ配信のスーパーチャットを設置するには、以下のような条件が必要です。

- **チャンネルが収益化されている（チャンネル登録者数1000人以上などの条件あり。SECTION 06-04参照）**
- **チャンネル所有者の年齢が18歳以上である**
- **チャンネル所有者の居住地がスーパーチャットの提供地域である**

## Open Broadcaster Softwareの設定をする

1 Open Broadcaster Softwareをインストールして起動する。「はい」をクリック。

**使用するエンコーダ**

エンコーダにはいろいろありますが、YouTubeのライブ認証を受けた製品（https://support.google.com/youtube/answer/2907883）を使った方が安心です。本書では、Open Broadcaster Softwareを使って説明します。

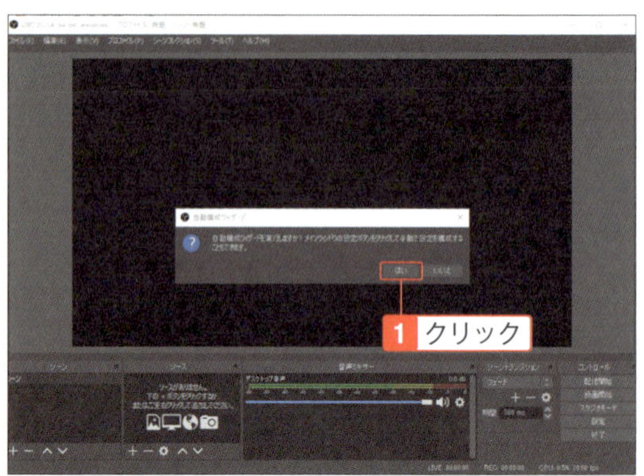


2 「配信のために最適化し～」を選択し、「次へ」をクリック。

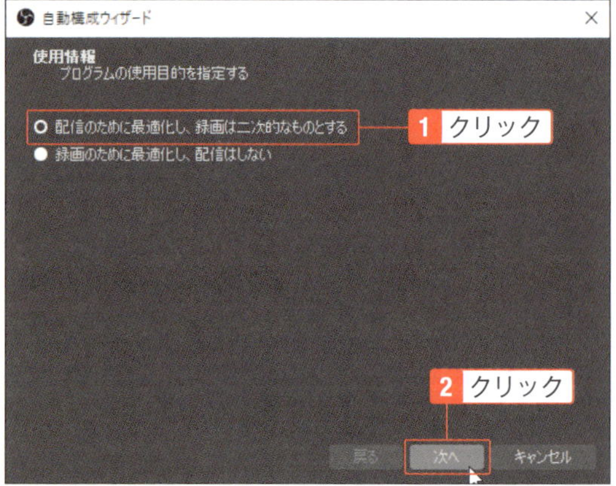


3 「次へ」をクリック。

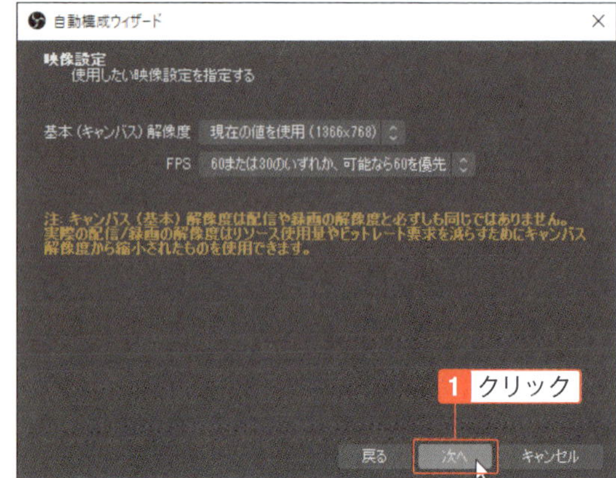

**4** サービスを「YouTube/YouTube Gaming」にし、ストリームキーボックスに先ほどコピーしたストリームキーを貼り付けて「次へ」をクリック。

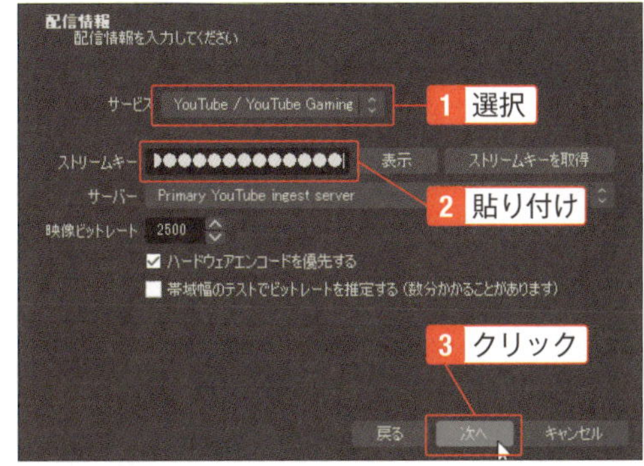


> **ONE POINT　ストリームキーの確認**
>
> Open Broadcaster Softwareに設定したトリームキーを確認するには、「ファイル」メニューの「設定」をクリックし、「配信」で確認できます。

**5** 「設定を適用」をクリック。

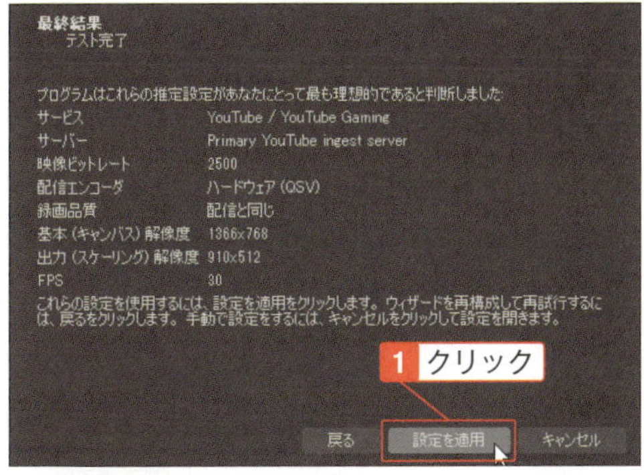


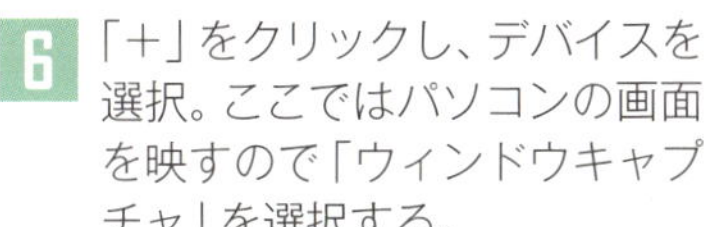

**6** 「＋」をクリックし、デバイスを選択。ここではパソコンの画面を映すので「ウィンドウキャプチャ」を選択する。

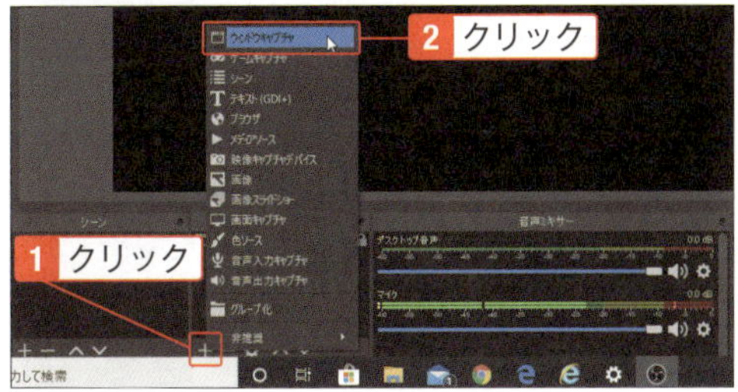

**7** 任意の名前を入力し、「OK」をクリック。

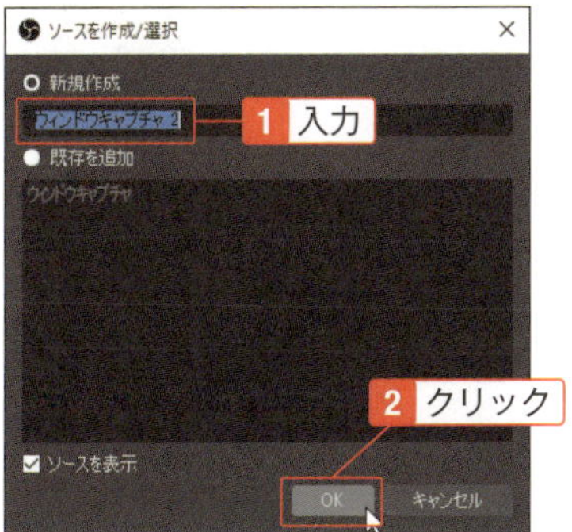

**8** 「配信開始」をクリック。

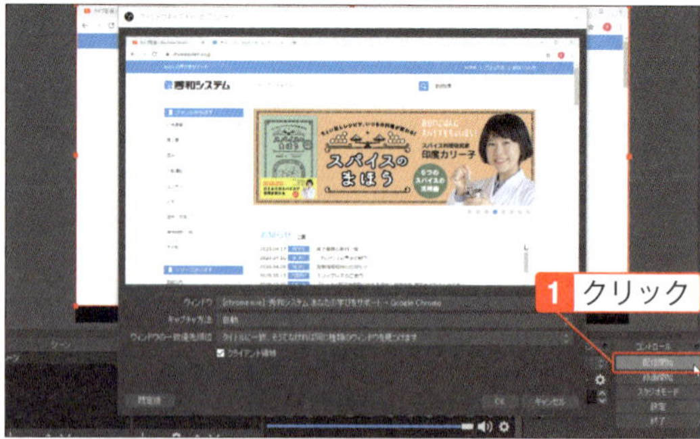


**9** 映し出されている画面を確認し、「OK」をクリック。

**10** YouTube Studioに戻り、準備が整ったら「ライブ配信を開始」をクリック。

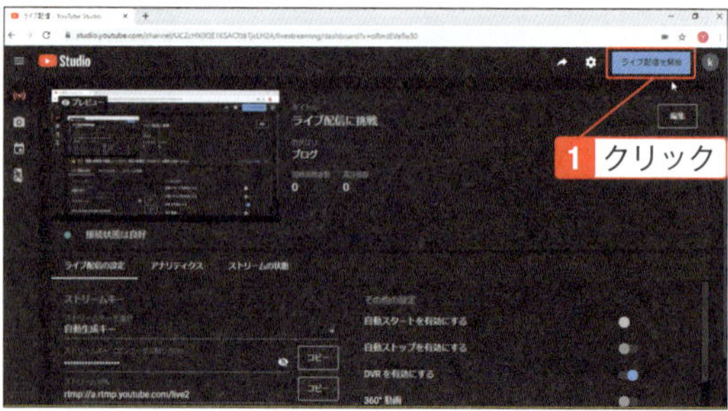

## ライブ配信の視聴状況を分析する

YouTube Studioの画面左のメニューから「動画」をクリックし、「ライブ配信」タブをクリックすると、ライブ配信またはエンコーダ配信の動画一覧が表示され、視聴回数や視聴者数、高評価数を確認できます。

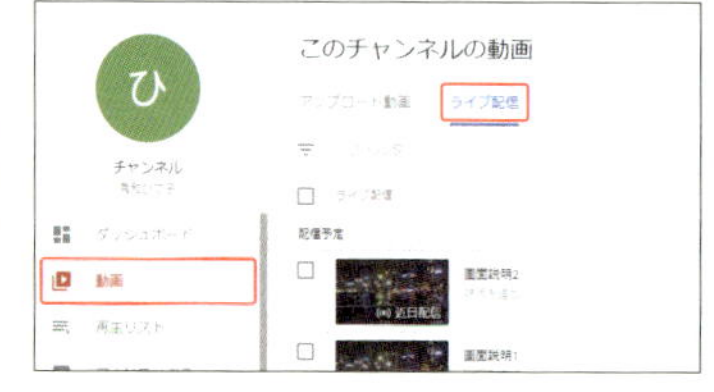

Chapter

# 04

# 「チャンネル」を活用して情報発信や他のユーザーと交流しよう

テレビ番組の場合、次回も見たいと思ったら録画の予約をしますが、YouTubeの場合は、気になる動画があったら、その投稿者のチャンネルを登録します。登録すれば次回の動画を見逃すことがなくなります。一方、投稿者側は、チャンネルを充実させることで視聴者を増やすことができます。チャンネルのページを工夫して魅力的なチャンネルに仕上げてください。チャンネルの設定は、スマホのアプリではできないことが多いので、このChapterではパソコンでの画面をメインに解説します。

# チャンネルの基本をおさえる

## YouTubeでの情報発信基地となり、ビジネスで活用するなら必須

チャンネルは動画の発信に欠かせないものです。チャンネルをうまく活用することがYouTubeで成功する秘訣なので、ビジネスで使う場合はチャンネルを充実させてください。まずは、チャンネルとはどのようなものかをここで説明するので、理解しておきましょう。また、パソコンとスマホのチャンネルの違いも説明します。

### チャンネルとは

チャンネルとは、各ユーザーが持つことができる情報発信基地のようなものです。動画を投稿する際には必ず必要で、視聴者が気に入った動画を登録する時に使われます。チャンネルを作成すると専用のページが用意され、投稿した動画や再生リストを載せることができます。

▲パソコン版のチャンネル

また、チャンネルページにプロフィールを載せたり、視聴者とトークしたりも可能です。チャンネルのページを見て登録するかどうかを決める人もいるので、気に入ってもらえるように作成しましょう。

◀スマホのYouTubeアプリのチャンネル

## マイチャンネルはカスタマイズできる

チャンネルのページは、既定のままではおもしろみがありません。トップの画像を変えたり、人気の投稿動画を載せたりするなどしてカスタマイズすることをおすすめします。新しい視聴者には、紹介動画を表示させて登録を促すこともできます（SECTION 04-15、16）。

カスタマイズすれば、人気の投稿動画を最初のページに表示させることができる

## パソコンとスマホでのチャンネル設定の違い

チャンネルの説明文やチャンネル名の変更は、スマホのYouTubeアプリでもできますが、チャンネルのカスタマイズはパソコンで行います。また、フリートークもパソコン版YouTubeでないとできません。なお、パソコンでチャンネルを作成すれば、スマホの画面にも反映されるので、それぞれのページを作成する必要はありません。

▲パソコン版ではフリートークのページを表示できる

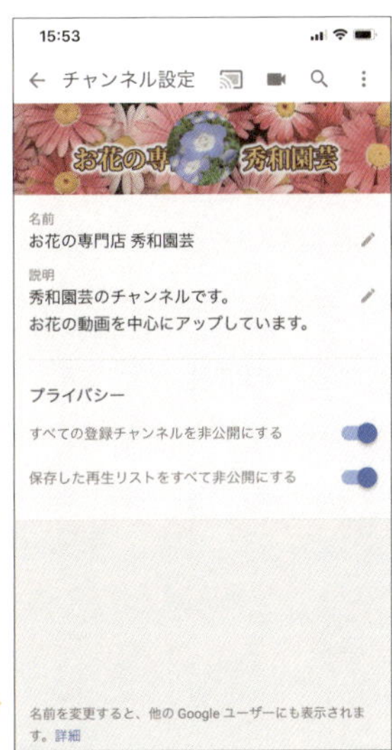


チャンネルアートはスマホの画面にも反映される

# 他ユーザーのチャンネルページを見る

## 色々なチャンネルを見て、人気が出るヒントを探そう

自分のチャンネルを充実させようと思っても、はじめうちはどのようにすればよいかわからないと思います。他の人のチャンネルページにアクセスしてみると参考になるので、企業や人気のユーチューバーのチャンネルのページを見てみましょう。ここでは、チャンネルページの表示方法と見方を説明します。

### チャンネルページを表示する

1 YouTubeの画面で検索し、気になる動画をクリックする。

2 チャンネルアイコンをクリックすると、チャンネルページが表示される。

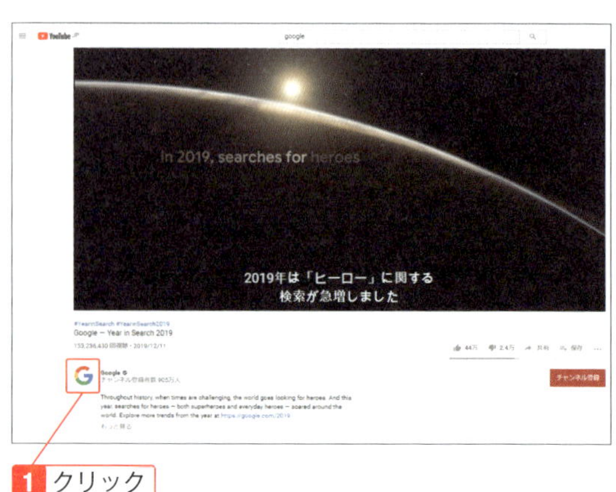

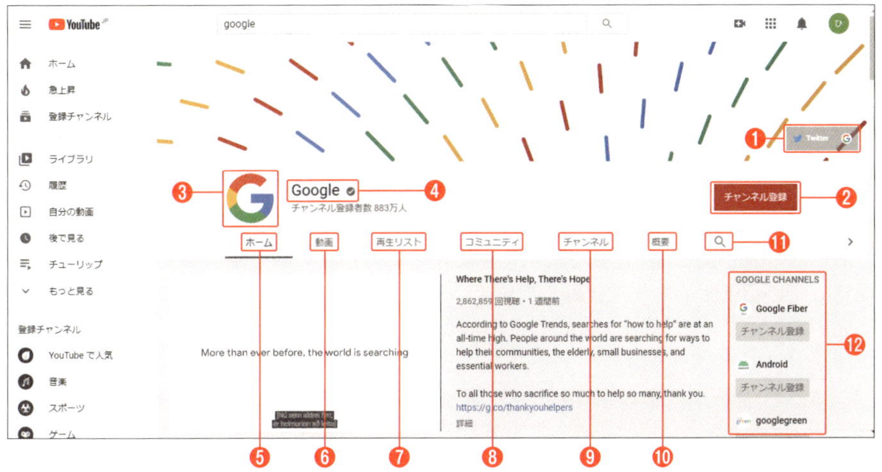


❶ **チャンネルアート右下**：クリックするとリンク先へ移動する

❷ **チャンネル登録ボタン**：クリックするとそのチャンネルを登録できる

❸ **チャンネルアイコン**：チャンネルのアイコン

❹ **チャンネルアイコンの右側**：チャンネル名

❺ **ホーム**：投稿した動画や再生リストに追加した動画などが表示される

❻ **動画**：チャンネル管理者が投稿した動画一覧が表示される。

❼ **再生リスト**：チャンネル管理者が作成した再生リストが表示される。

❽ **コミュニティ**：チャンネル管理者と視聴者がやり取りできる。（チャンネル管理者が表示させている場合のみ「フリートーク」として表示され、チャンネル登録者数が 10,000 人を超えると「コミュニティ」に代わる）

❾ **チャンネル**：チャンネル管理者が登録しているチャンネルが表示される。

❿ **概要**：チャンネルの説明が表示される。

⓫ 🔍：チェンネル内の動画を検索できる。

⓬ **画面右端**：おすすめチャンネル

## スマホで他ユーザーのチャンネルを見る

**1** 表示している動画のチャンネルアイコンをタップ。

**2** チャンネルページが表示される。

04-03
SECTION

# 他ユーザーのチャンネルを登録する/解除する

## 気になるチャンネルを登録しておけば、通知を受け取れる

よく見ている動画や気に入った動画のチャンネルは、登録することができます。登録しておけば、新たに動画が投稿されたときにすぐに見られるので便利です。趣味の動画を配信しているチャンネルを登録してもよいですし、人気のユーチューバーを登録するのもよいでしょう。登録を止めたいときには簡単に解除できます。

### チャンネルを登録する

1 見ている動画の下にある「チャンネル登録」ボタンをクリック。

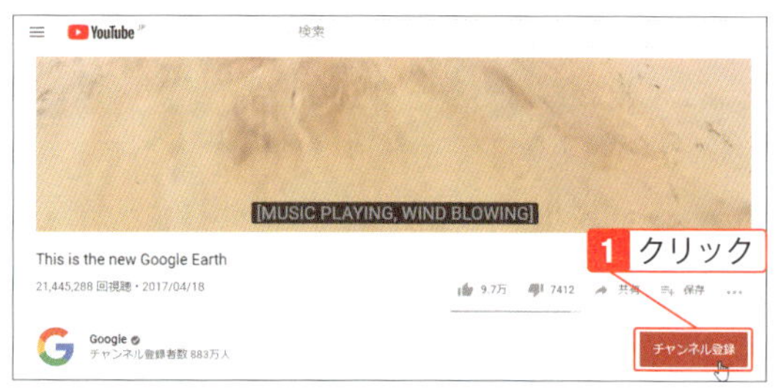


2 登録され、登録済みとなる。

**チャンネル登録を解除するには**

手順2の画面で「登録済み」をクリックし、「チャンネル登録を解除」をクリックします。

**チャンネルの通知を設定するには**

「登録済み」ボタンの右にある🔔をクリックすると通知の設定ができます。

- **すべて**:動画が公開されるたびに通知を受け取ることができます。
- **カスタマイズされた通知のみ**:再生履歴や視聴する頻度、特定の動画の人気度などを基に不定期で通知します。
- **なし**　:通知しません。

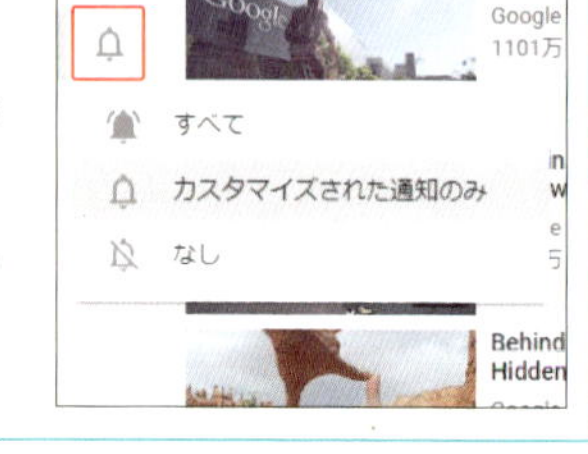

## 登録したチャンネルを確認する

☰をクリックしてメニューを表示させ、下部にある「登録チャンネル」をクリックし、「管理」をクリック。

### ONE POINT チャンネル登録は投稿者に伝わるの？

チャンネル登録を公開している場合は投稿者に伝わります。投稿者はYouTube Studioの「ダッシュボード」➡「最近のチャンネル登録者」で確認できます。ただし、最近はじめた場合は表示されません（執筆時点）。

**2** 登録しているチャンネル一覧が表示される。

## スマホでチャンネルを登録するには

**1** 「チャンネル登録」をタップ。

**2** 登録された。

# 新しいチャンネルを作成する

## 個人のアカウントでチャンネルを作成したくない時に

Googleアカウントで YouTubeを使うと本名が表示されてしまいます。それではビジネスで使う場合は困ります。また、複数の社員で動画を管理したいとき、個人のアカウントを利用するわけにはいきません。そのような場合は、ブランドアカウントを使って新しいチャンネルを作成し、そのチャンネルから動画を配信します。

### 新しいチャンネルを作成する

1 パソコン版YouTubeのホーム画面で、右上のアカウントアイコンをクリックし、「設定」クリック。

**ブランドアカウントとは**

通常使っているGoogleアカウントに、ブランドアカウントという特別なアカウントを追加して別のチャンネルを作成できます。ブランドアカウントを使えば、チャンネル名に本名を使わずにすみ、複数の人と一緒に動画の投稿や管理もできます。

2 「アカウント」の「チャンネルを追加または管理する」をクリック。

3 「新しいチャンネルを作成」をクリック。

4 チャンネルに使用するアカウント名を入力し、「作成」をクリック。

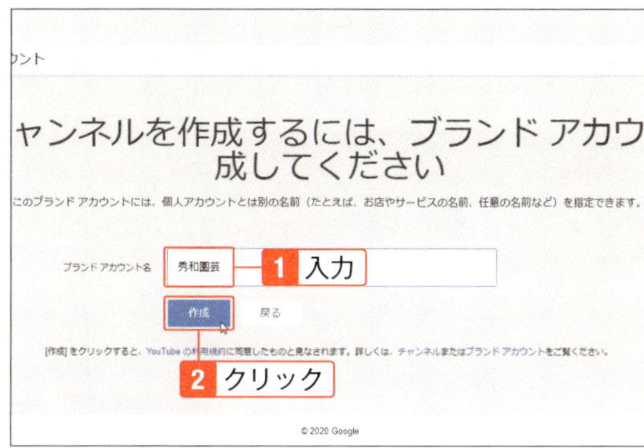


5 新しいアカウントが作成される。ブラウザーの「更新」ボタンをクリック。右上のアイコンも変わる。

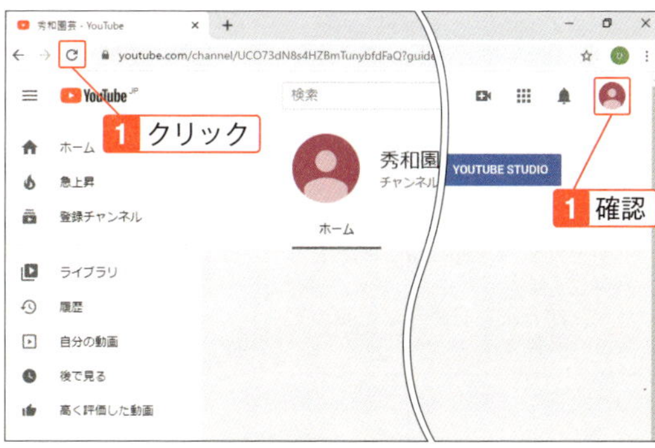


## Googleアカウントのチャンネルに切り替えるには

ONE POINT

通常のアカウントのチャンネルを表示するには、右上のアカウントアイコンをタップし、アカウント名をタップして切り替えます。スマホの場合も同様です。

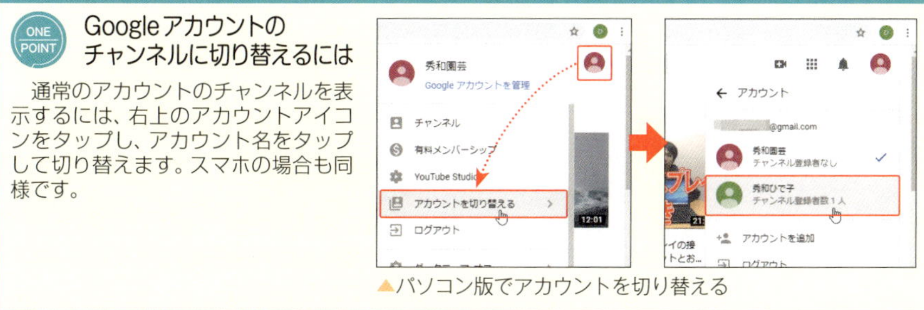


▲パソコン版でアカウントを切り替える

04-05
SECTION

# チャンネルの概要説明文を追加する

**誰がどんな目的で公開しているのか、視聴者が分かるようにしよう**

チャンネルページは、YouTube内のホームページのようなものです。説明欄には自由に入力できるので、読んでくれた人がまた見に来たいと思ってくれるような文章にしましょう。プロフィールや配信スケジュールだけでなく、ホームページやブログのURLなども入力しておくと、そこから仕事のチャンスにつながるかもしれません。

## 説明を入力する

**1** 右上のアカウントアイコンをクリックし、「チャンネル」をクリック。

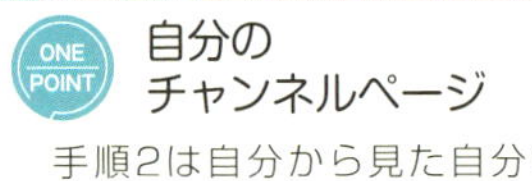


**自分のチャンネルページ**

手順2は自分から見た自分のチャンネルページです。他の人がアクセスすると、「チャンネル登録」ボタンが表示されるなど異なって表示されます。

**2** 「チャンネルをカスタマイズ」をクリック。

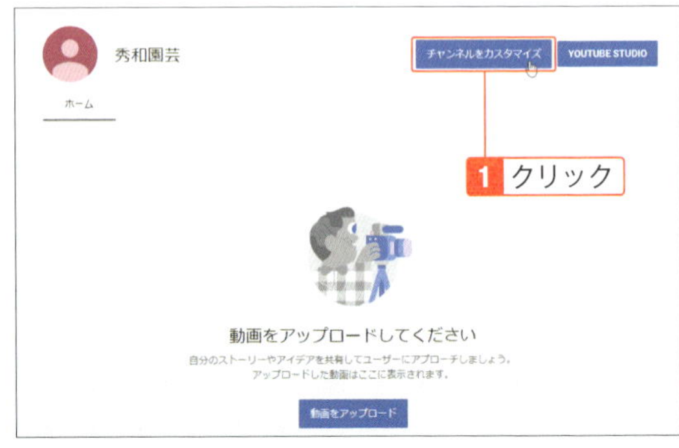

**3** 「概要」をクリック。

**4** 「チャンネルの説明」ボタンをクリック。

**5** 説明を入力し、「完了」ボタンをクリック。

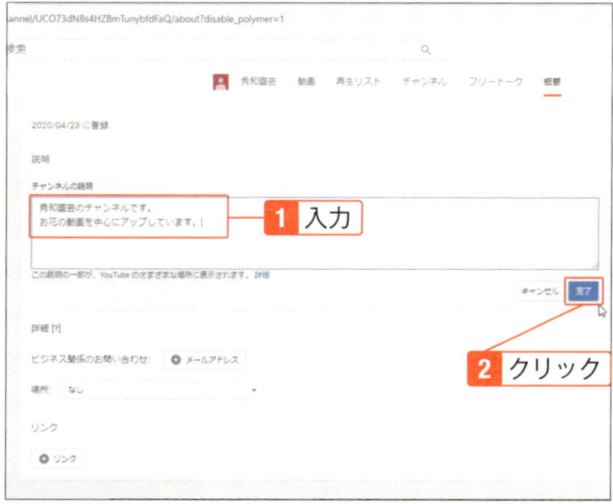


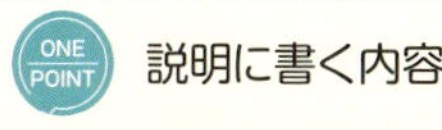

**説明に書く内容**

チャンネルの説明には、自己紹介や動画の説明、ホームページのURLなどを入力します。

04-06
SECTION

# チャンネルのキーワードを設定する

## 検索されるための重要な要素なのできちんと設定しよう

動画の視聴回数を増やしたり、チャンネル登録者を増やしたりするには、検索結果にヒットすることが大事です。動画にタグを付けるのと同様に、チャンネルにもキーワードを設定すれば、検索結果に表示されやすくなります。気が付かない人も多いですが、大事な設定なので、検索してもらうことを意識して設定してください。

### キーワードを設定する

1 右上のアカウントアイコンをクリックし、「YouTube Studio」をクリックしてYouTube Studioを表示する。

**チャンネルのキーワード**

チャンネルにキーワードを設定しておくと、そのキーワードで検索した人たちが見に来てくれます。複数設定することもできますが、たくさん設定するとスパムと判断されるので気を付けてください。

2 「設定」をクリックし、「チャンネル」をクリック。キーワードを入力し、【Enter】キーを押す。複数入力することも可能。「国」を「日本」に設定して「保存」ボタンをクリック。

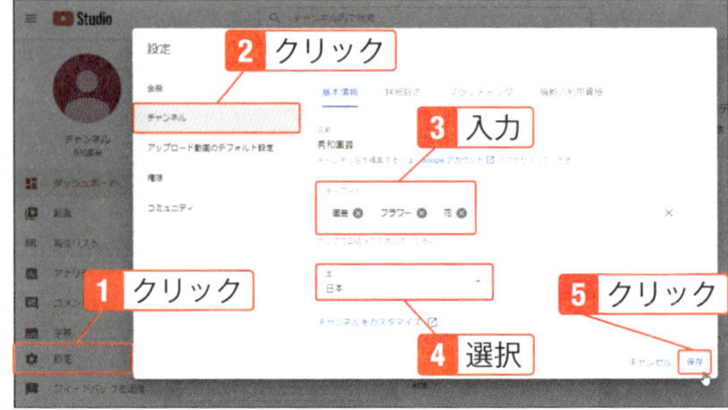

# チャンネルの名前を変更する

## アカウントとは別の名前をチャンネルに表示したい時に

SECTION 04-04で作成したブランドアカウントのチャンネル名がアカウント名になっていますが、他の名前に変更することができます。チャンネル名は自由に付けることができますが、検索結果を意識して付けると効果的です。たとえば、弁護士なら「表参道のABC弁護士事務所」などのように、肩書や説明などを入れてもよいでしょう。

### チャンネル名を変更する

1 SECTION04-04の手順2の画面（youtube.com/account）にアクセスし、「Googleで編集」をクリック。

**チャンネル名を変更するときの注意**

ここではSECTION 04-04で作成したブランドアカウントの名前を変更します。新しいチャンネルを作成せずにGoogleアカウントのチャンネルでチャンネル名を変更すると、GmailやGoogleドライブなどの他のGoogleサービスで使う名前も変更されてしまいます。Googleアカウントの名前変更は90日間に3回までなので気を付けてください。

2 名前を変更し、「OK」をクリック。メッセージが表示されたら「名前を変更」をクリック。

04-08
SECTION

# チャンネルのアイコンを変更する

## チャンネルの個性を感じられるアイコンを設定しよう

チャンネルアイコンは、チャンネルの顔のようなものです。チャンネル名の前やコメントの先頭に表示されて意外と目立つので、デフォルトのままにせず、チャンネルをイメージできる画像に変更しましょう。写真でもイラストでもかまいません。会社のロゴや自分の顔など、好きな画像に変えて宣伝しましょう。

### チャンネルアイコンの画像を変更する

1 画面右上のアカウントアイコンをクリックし「チャンネル」をクリックしてマイチャンネル画面を表示し、「チャンネルをカスタマイズ」をクリック。

2 チャンネルのカスタマイズの画面が表示される。アイコンの上をポイントし、をクリック。メッセージが表示されたら「編集」をクリック。

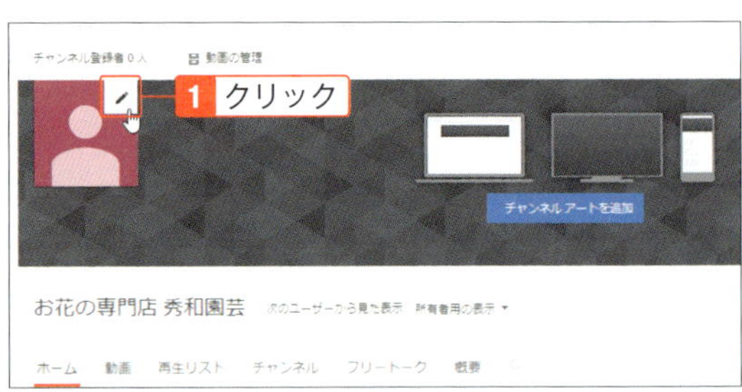


3 「写真アップロード」をクリックして画像を選択する。

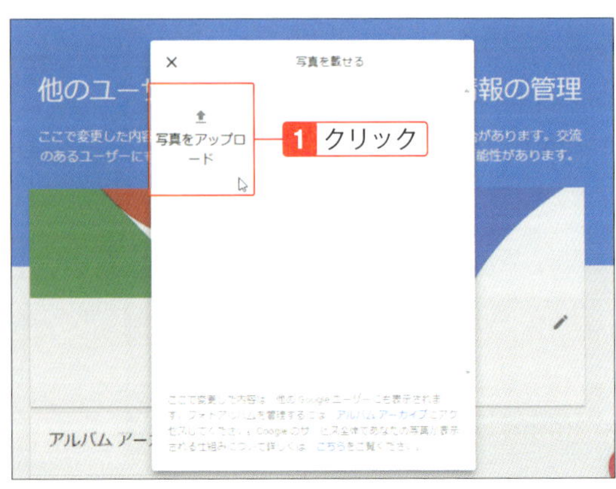


**ONE POINT チャンネルアイコン**

ここではSECTION04-04で作成したブランドアカウントのチャンネルアイコンを設定します。Googleアカウントのチャンネルの場合はここで変更すると、他のGoogleのサービスで使用するアカウント画像も変更されるので気を付けてください。

4 外枠をドラッグして、必要な範囲だけを囲む。できたら右上の「完了」をクリック。

5 アイコンが変更される。

## アイコンを元に戻すには

元に戻したいときは、手順3の画面に「元に戻す」があるのでクリックします。

6 アイコンが変更された。反映されるまでに時間がかかる場合もある。

04

「チャンネル」を活用して情報発信や他のユーザーと交流しよう

04-09
SECTION

# チャンネルアートを変更する

## アイコンだけでなく、トップページの画像にもこだわろう

チャンネルページのトップに表示される大きな画像は、デフォルトのままにしていると視聴者の関心が薄れるので、必ず設定しましょう。会社やお店のチャンネルの場合は、写真でもイラストでもよいので、イメージに合う画像にしてください。チャンネル名などの文字を入れた画像を使ってみるのもよいでしょう。

### チャンネルページのトップ画像を変更する

1 チャンネルのカスタマイズの画面で（SECTION 04-08の手順2）、「チャンネルアートを追加」をクリック。

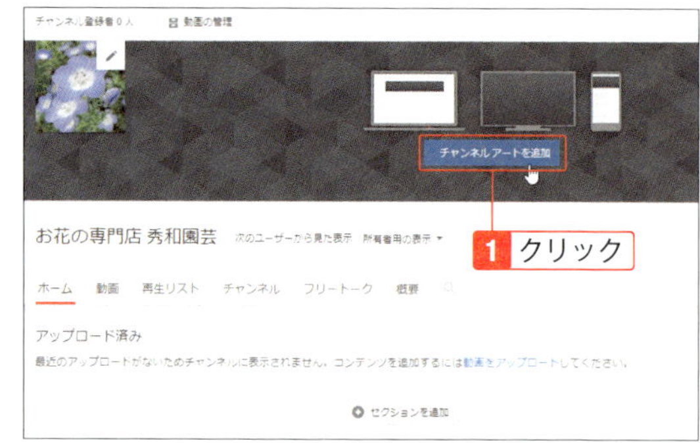

**チャンネルアートの画像**

チャンネルアートは、チャンネルのイメージを表しています。何の動画か、誰の動画かを表すものなので、見栄えの良いものにすると好感度が上がります。なお、スマホのアプリではチャンネルアートの設定はできません。なお、画像の推奨サイズは2560×1440、最大ファイルサイズは6MBです。

2 「パソコンから写真を選択」をクリックして、画像を選択する。

「切り抜きを調整」ボタンをクリック。

**ONE POINT チャンネルアートは端末によって見え方が違う**

チャンネルアートは端末によって見え方が異なります。手順3で「PC」「テレビ」「モバイル」でどのように表示されるかを確認しながら設定してください。

4 四隅のハンドルをドラッグして必要な部分を囲む。「選択」ボタンをクリック。

画像が設定される。

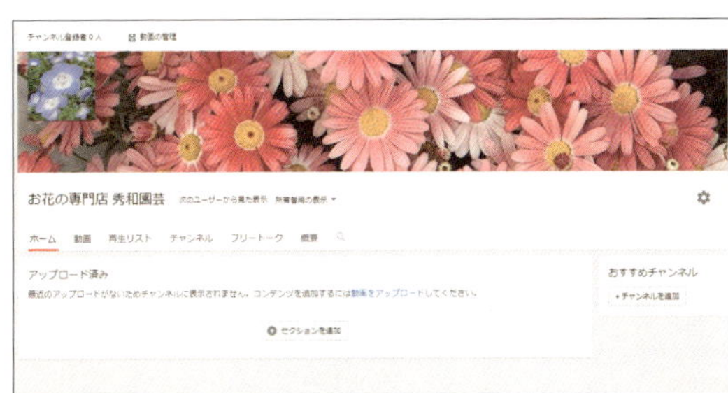


**ONE POINT チャンネルアートを変更するには**

別の画像に変更する場合は、チャンネルアートの上をポイントし、右上の ✎ をクリックして、「チャンネルアートを編集」をクリックします。

04-10
SECTION

# タイトル入りのチャンネルアートを作成する

## チャンネル名やキャッチコピーを入れて、目を引くページにする

前のSECTIONでチャンネルアートの変更方法を説明しましたが、せっかくですからタイトルなどの文字を入れたり、端末の画面に合わせたりなどしながら、インパクトのある画像を作成してみましょう。ここでは、画像編集ソフトを持っていない人でもチャンネルアート用の画像ファイルを簡単に作成できる方法を紹介します。

### チャンネルアートのテンプレートをダウンロードする

1 https://support.google.com/youtube/answer/2972003にアクセスし、「チャンネルアートのテンプレート」にある「Channel Art Templates」をクリックしてダウンロードする。

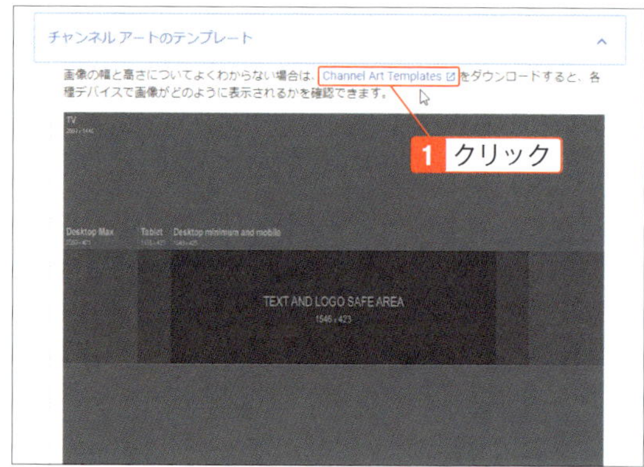


ONE POINT ZIPファイルの解凍方法

ダウンロードしたファイルはZIPという形式で圧縮されています。解凍するには、右クリックして「すべて展開」➡「展開」をクリックしてください。

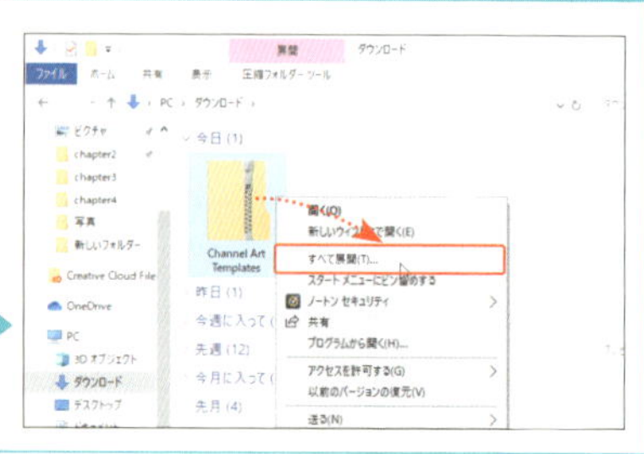


2 フォルダーの中にテンプレート画像が入っている。

## FotoJetでチャンネルアートを作成する

1 FotoJet（https://www.fotojet.com/jp/）にアクセスする。「デザインを作成」をクリック。

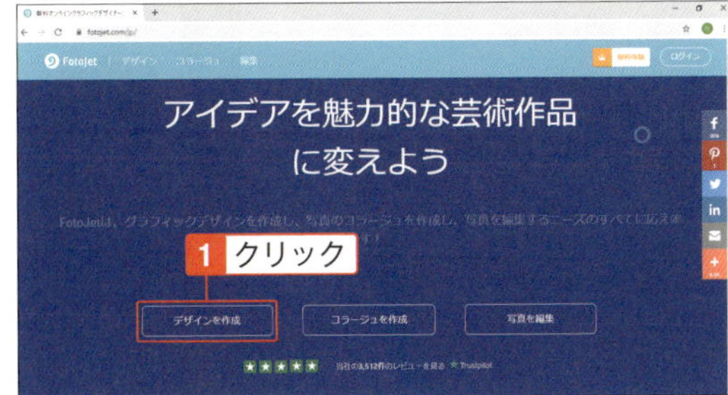

### FotoJetとは

豊富なテンプレートを使って、SNS用の画像、バナー、ポスター、招待状などを作成できるオンラインツールです。すべての機能を使うには有料となりますが、YouTubeのチャンネルアートなら無料版でも十分です。SECTION 03-09で説明したカスタムサムネイルも、手順2の画面で選んで作成できます。

2 「YouTubeチャンネルアート」をクリック。

3 「ライブラリ」をクリックし、「写真を追加」をクリックして、先ほどダウンロードした「Channel Art Template」の画像を選択する。

**4** 「Channel Art Template」の画像を追加したらクリック。

**5** 周囲のハンドルをドラッグして白い枠にサイズを合わせる。
**TV**：テレビに表示されるサイズ
**Desktop Max**：デスクトップパソコンに表示されるサイズ
**Tablet**：タブレットに表示されるサイズ
**Desktop minimum and mobile**：スマホで表示されるサイズ

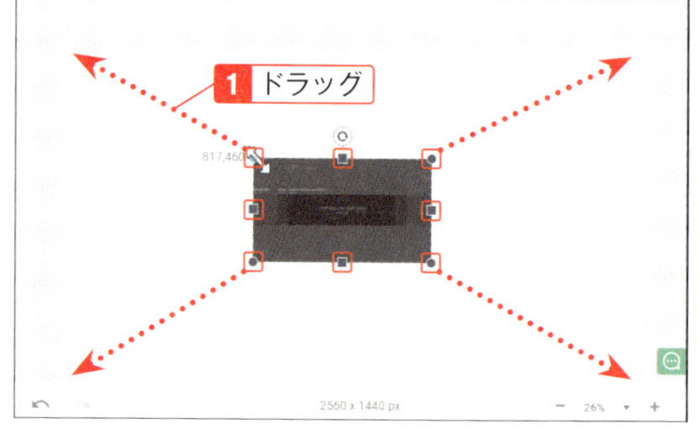


**6** 「ライブラリ」をクリックし、「写真を追加」をクリックして任意の写真を追加する。

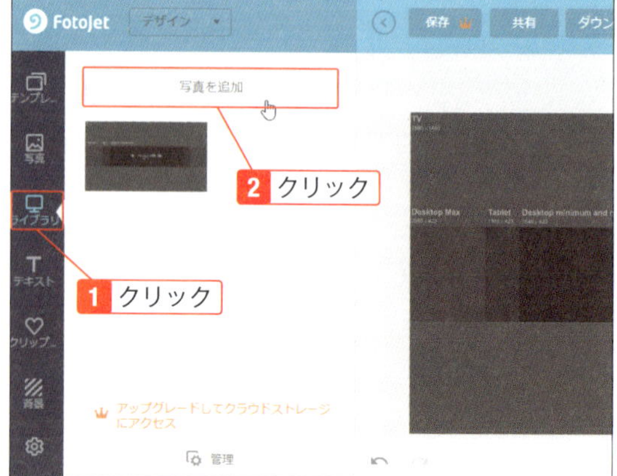


**ONE POINT** ファイルを選択できない

「写真を追加」をクリックした後、写真のファイルが表示されていない場合は、「開く」ダイアログの右下の「V」をクリックして「すべてにファイル」を選択してください。

**7** 写真をクリックして挿入し、写真の外枠にあるハンドルをドラッグして、テンプレート画像に書かれているDesktop Maxのサイズに合わせる。

**操作を間違えたら**

下部にある（元に戻す）をクリックすると、操作前に戻すことができます。

**8** 「トリミング」ボタンをクリック

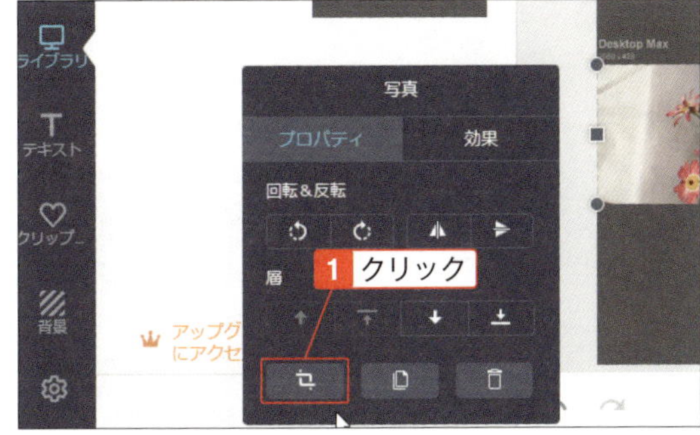


**9** 画像をドラッグして使用する部分を囲む（明るい部分にする）。できたら「完了」ボタンをクリック。

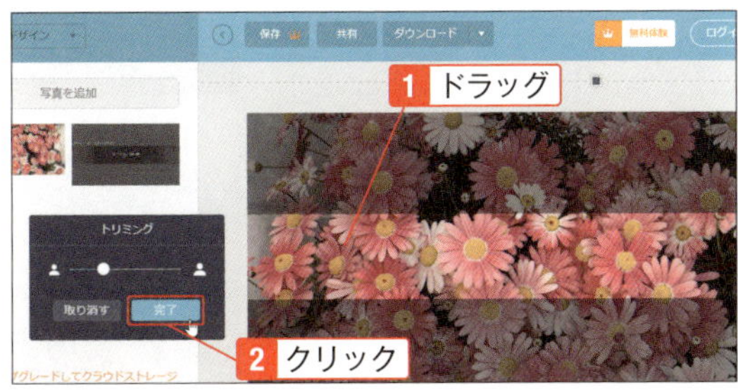


**10** 「テキスト」をクリックし、サンプル文字をクリック。サンプル文字が挿入されたらダブルクリックして文字を入力。サンプル文字はドラッグして「Delete」キーで削除できる。

11 任意のフォントを選択する。王冠マークは有料版にすると選択できる。

12 文字のボックスの外枠をドラッグすると文字が大きくなる。その後文字のドラッグで位置を調整する。

**ONE POINT**

**テキストの色を変えるには**

手順12の画面で、テキストウィンドウの右下にある色ボックスをクリックして好きな色にすることができます。

13 初めに挿入したチャンネルアートのテンプレート画像をクリックし、「Delete」キーを押して削除する。

14 「背景」をクリックし、色または模様をクリック。

15 チャンネルアートを作成した。「ダウンロード」をクリックし、ファイル名を入力して「ダウンロード」をクリック。

16 「いますぐ無料で保存する」をクリック。（Edgeを使用している場合は下部に表示される「保存」ボタンをクリック）SECTION 04-09の方法でYouTubeにアップロードする。

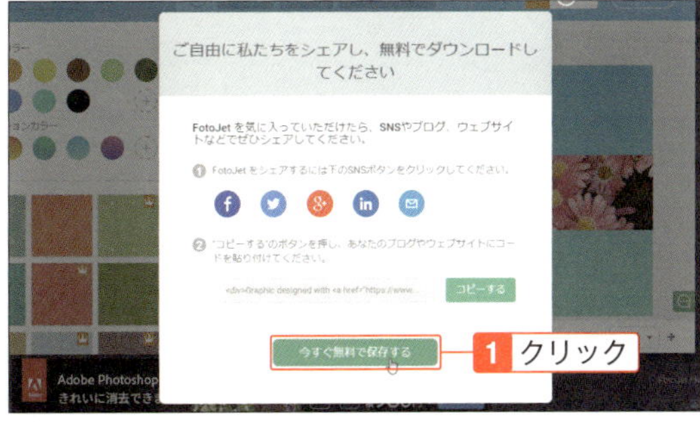

## テンプレートを使う場合

ここでは一から作成しましたが、左上の「テンプレート」をクリックすると、デザイン性の高いテンプレートを使ってチャンネルアートを作成できます。

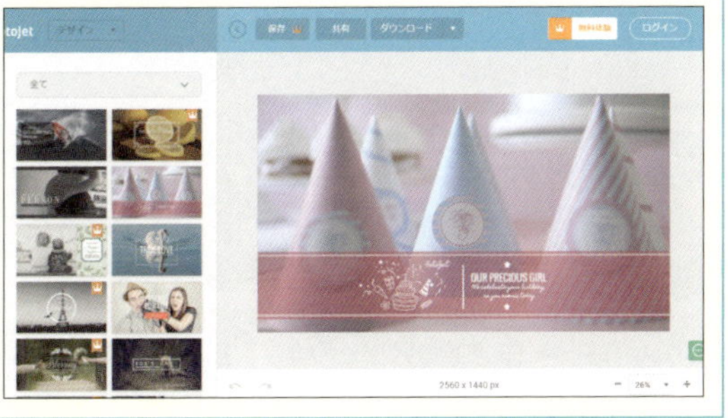

04-11 SECTION

# おすすめのチャンネルを表示する

## 公開している動画にテーマが近いチャンネルを設定しよう

チャンネルページの右端にあるおすすめチャンネルは、お気に入りチャンネルや紹介したいチャンネルなどを設定できます。ビジネスの場合は、動画のテーマに関連するチャンネルを設定してください。そうすることで、関連するチャンネルや動画として他の人の動画に表示される可能性が高くなり、視聴者を呼ぶことができます。

### チャンネルページに他のチャンネルを表示する

1 チャンネルのカスタマイズの画面を表示させ（SECTION 04-08参照）、「おすすめのチャンネル」の「チャンネルを追加」をクリック。

2 追加するチャンネルのユーザー名またはURLを入力し、「追加」ボタンをクリック。

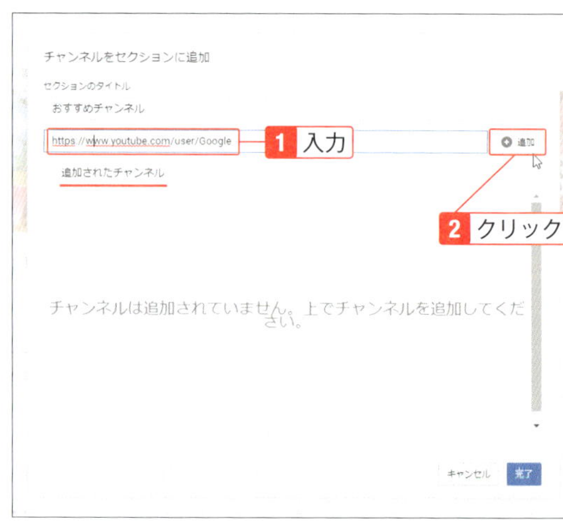

**チャンネルのURLを入力する**

手順2では、動画のURLではなく、チャンネルのURLを入力してください。投稿者のアイコンをクリックするとチャンネルのページが表示されるのでアドレスバーのURLをコピーします。

「追加されたチャンネル」に表示されたら、「完了」をクリック。

**ONE POINT セクションのタイトル**

「セクションのタイトル」で、「関連サービス」や「友達のチャンネル」など「おすすめチャンネル」以外のタイトル名に変更することも可能です。

4 おすすめのチャンネルが表示される。

## おすすめチャンネルを編集する

1 「おすすめチャンネル」をポイントして表示される ✎ をクリックし、「モジュールを編集」をクリック。

追加するチャンネルのURLを入力し、「追加」ボタンをクリックして「完了」をクリック。

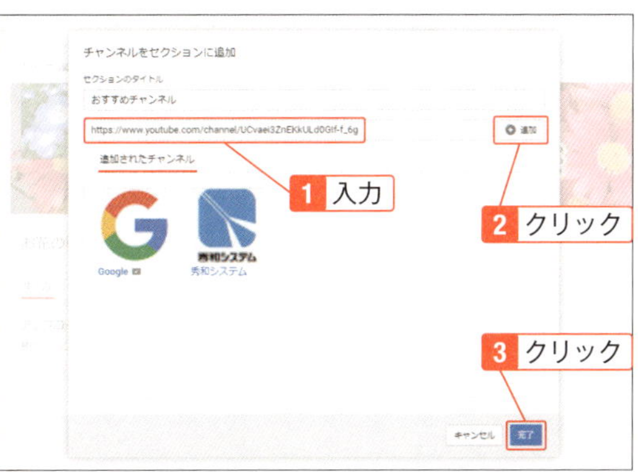


**ONE POINT 追加したチャンネルを削除するには**

手順2の画面で削除したいチャンネルをポイントし、「×」をクリックして「完了」をクリックします。

04-12
SECTION

# チャンネルにホームページへのリンクを追加する

## チャンネルを見た人をブログや自社サイトに誘導しよう

「YouTubeから自社のホームページに来てもらいたい」「Twitterも見てもらいたい」といったとき、動画の中にリンクを入れるには、条件を満たしていないとできません。そこで、チャンネルアートの右下のリンクなら誰でも入れることができるので紹介します。ホームページやブログ、Twitterなどにリンクさせてアクセスアップを期待しましょう。

## リンクを設定する

**1** チャンネルのカスタマイズ画面を表示させ（SECTION 04-08参照）、「概要」をクリック。

**2** 「リンク」ボタンをクリック。

**3** 「追加」をクリック。▼をクリックして何件表示させるかを選択でき、上位5件まで表示できる。

**4** リンクの文字とURLを入力し、「完了」をクリック。

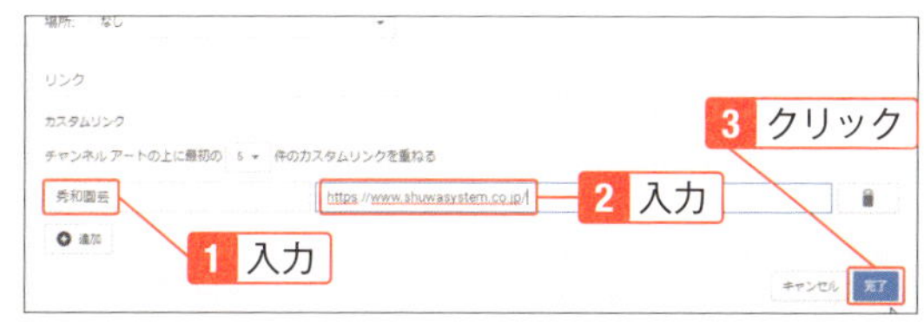


**5** リンクを設定した。

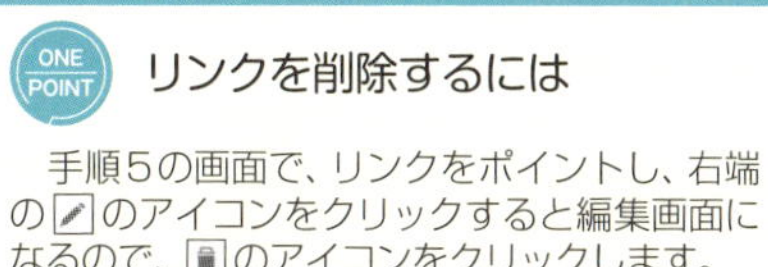

## リンクを削除するには

手順5の画面で、リンクをポイントし、右端の のアイコンをクリックすると編集画面になるので、 のアイコンをクリックします。

**6** チャンネルアートの右下にリンクが表示される。

04-13
SECTION

# ビジネス関係のメールを受け取れるようにする

## ビジネスのきっかけになったり、チャンネル改善のヒントにつながることもある

動画のコメント欄やフリートーク欄への書き込みは、誰でも読むことができてしまうので、個人的な内容の場合は困ります。また、YouTubeを通して仕事の依頼が来るかもしれません。そのような時のために、チャンネルの「概要」タブにメールアドレスを設定しておきましょう。ワンクリックでメールを送ってもらうことができます。

### メールアドレスを設定する

1 チャンネルのカスタマイズ画面を表示させ（SECTION 04-08参照）、「概要」をクリック。「メールアドレス」をクリック。

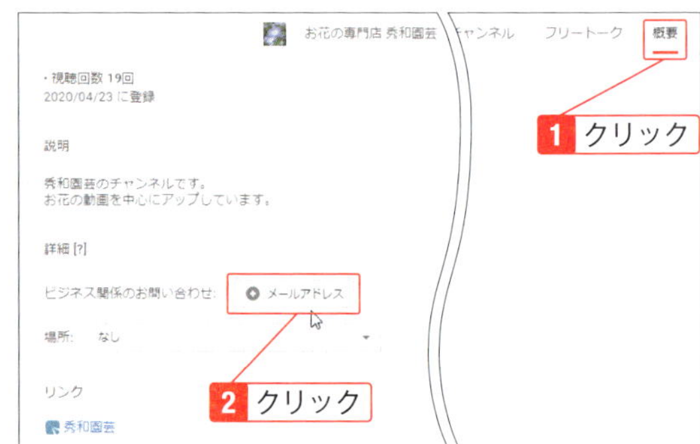

**投稿者に直接メールを送れるようにする**

以前は、直接メールを送れるプライベートメッセージ機能がありましたが、最新のYouTubeでは、設定したメールアドレス宛にメールを送る機能に変わりました。ビジネスで利用している場合は設定しておきましょう。

2 メールを受け取れるメールアドレスを入力し、「完了」をクリック。

**場所を設定する**

YouTubeは、海外からのアクセスもあります。手順2の画面で、「場所」を「日本」に設定しておきましょう。

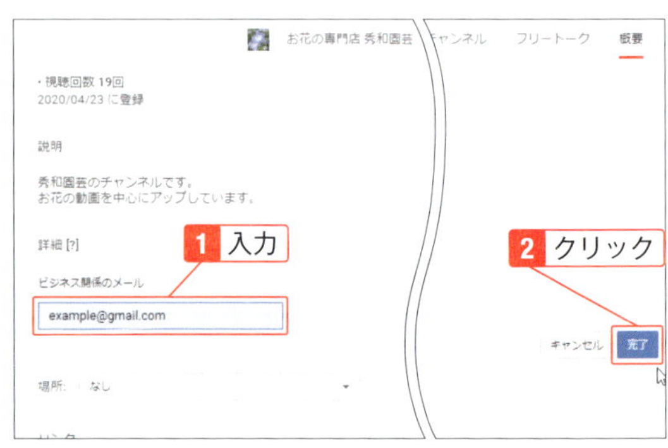

## メールアドレスの表示を確認する

1 「次のユーザーから見た表示」の▼をクリックし、「旧チャンネル登録者」をクリック。

2 「メールアドレスを表示」をクリック。

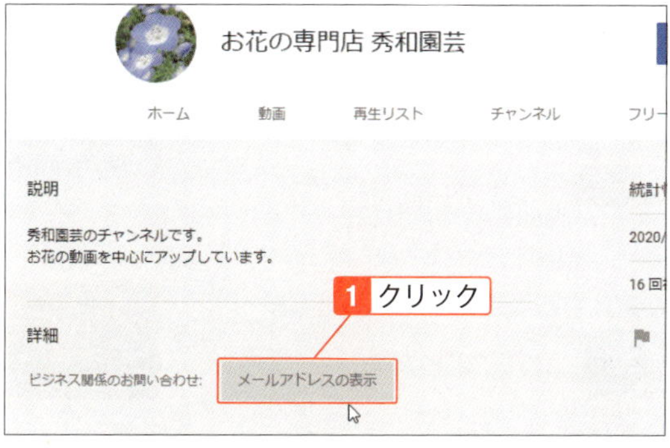

### 追加したメールアドレスを削除するには

チャンネルのカスタマイズ画面の「概要」タブでメールアドレスをポイントし、右端の をクリックして、メールアドレスを削除し、「完了」をクリックします。

3 メールアドレスが表示された。

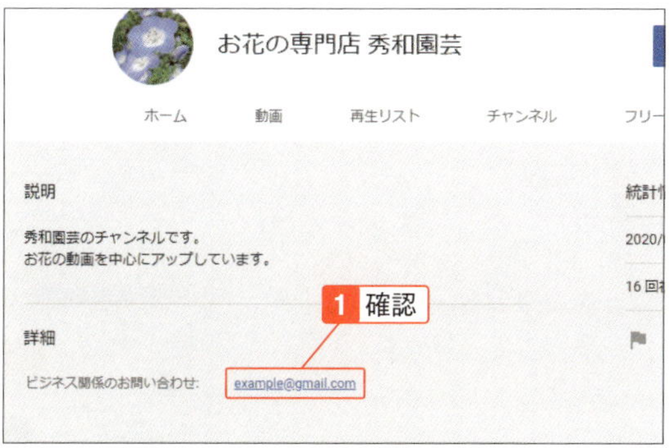

### メールの送信

手順3の画面でメールアドレスをクリックすると、メールソフトが起動してメールを送れるようになっています。ただし、パソコン環境によってはメールソフトが起動しない場合もあります。

04-14
SECTION

# チャンネルのトップページをカスタマイズする

## 人気の動画や再生リストを表示させよう

チャンネルのページをデフォルトのまま使っていては、来てくれた視聴者は面白いと思いません。そのままでは勿体ないのでカスタマイズしましょう。チャンネルのトップページには、人気の動画や再生リストなどを表示させることができます。1つの動画だけでなく、他の動画も見てもらえるチャンスなので活用しましょう。

### チャンネルページに人気の投稿動画を表示させる

1 動画をアップロードしておく。チャンネルのカスタマイズ画面を表示させ（SECTION 04-08参照）、チャンネルページのホーム画面にある「セクションを追加」をクリック。

**セクションとは**

セクションは、人気の投稿動画や今後のライブ配信動画などを配置できる領域のことです。見てもらいたいコンテンツをマイチャンネルのホーム画面に表示させて注目してもらうことができます。

2 「コンテンツ」ボックスをクリックして表示するコンテンツを選択し、「完了」をクリック。ここでは「人気のアップロード」を選択する。

3 「人気のアップロード」の動画が表示される。

### 追加したセクションを削除するには

削除したいセクションをポイントし、右端にある をクリックして、 をクリックします。

## セクションの順序を入れ替える

1 複数のセクションを追加したら、「^」をクリック。

2 セクションを入れ替えた。

04-15
SECTION

# チャンネル登録者向けに紹介動画を固定表示する

## 常連のユーザーに見てもらう動画を設定しよう

チャンネル登録者は、チャンネルページを頻繁に見に来ます。ページに何も表示されていないと、インパクトに欠け、見たい動画を探すにも手間がかかります。そこで、アップロードした動画からおすすめの動画をチャンネルの上部に表示させておきましょう。自分の動画以外をおすすめとして設定することも可能です。

### チャンネル登録者向け動画を設定する

1 チャンネルのカスタマイズ画面を表示させ（SECTION 04-08参照）、「ホーム」タブの「コンテンツをおすすめ」をクリック。

**「コンテンツおすすめ」が表示されない**

「コンテンツおすすめ」は、動画をアップロードしていない場合は表示されません。

2 紹介した動画をクリックし、「保存」をクリック。

**再生リストや他の動画を紹介するには**

手順2の画面で、「再生リスト」タブをクリックすると、作成した再生リストを指定することができます。また、下部のボックスにURLを入力して他の人の動画を載せることも可能です。

**3** 紹介文を入力し、「保存」をクリック。

**4** 「完了」をクリック。

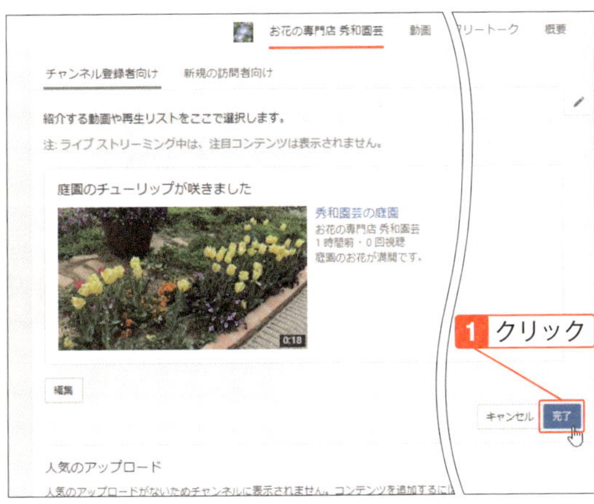


**5** 紹介動画を設定した。ポイントして をクリックして、「編集」をクリックすると別の画像に変更できる。

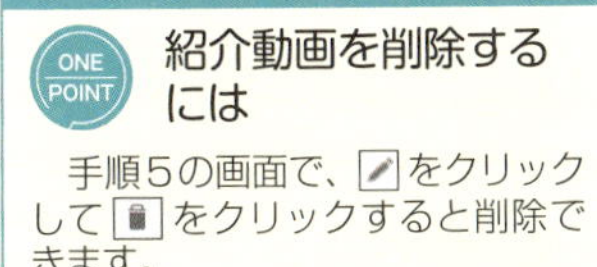

**ONE POINT 紹介動画を削除するには**

手順5の画面で、 をクリックして をクリックすると削除できます。

「チャンネル」を活用して情報発信や他のユーザーと交流しよう 04

04-16 SECTION

# 新しい視聴者向けにチャンネルの紹介動画を固定表示する

## チャンネル未登録の視聴者にのみ表示される動画

初めて動画を見てくれる人には、是非チャンネルを登録してもらいたいものです。前のSECTIONの紹介動画はチャンネル登録者向けでしたが、初訪問者に向けた動画も設定できます。次回も見に来てもらえるように、チャンネルの宣伝や登録の呼びかけなどの動画を載せると効果的です。宣伝用の動画を作成したら、他の動画と同じようにアップロードしてから設定します。

### 新規訪問者向け動画を設定する

1 チャンネルのカスタマイズ画面を表示させ（SECTION 04-08参照）、「新規の訪問者向け」をクリック。ただし、公開している動画がない場合は選択できない。

2 「チャンネル紹介動画」をクリック。

**紹介動画とは**

紹介動画は、まだチャンネル登録してない人向けの、チャンネルページのホーム画面に載せる動画のことで、チャンネル登録済みの視聴者には表示されません。紹介動画を作成するときは、説明よりも見せることを重視し、短時間の動画にした方が効果的です。作成したらYouTubeにアップロードして使用します。

3 「アップロード済み」から動画を選択。その他の動画を表示する場合は、下のボックスにURLを入力する。「保存」をクリック。

4 動画が表示される。

## 新規訪問者向けの紹介動画を確認するには

1 「次のユーザーから見た表示」の▼をクリックし、「新規ユーザー」をクリック。

2 新規訪問者に表示されるチャンネル画面を確認できる。

### 新規訪問者動画を別の動画にするには

動画をポイントすると表示される✎ボタンをクリックし、「紹介動画を変更」をクリックして別の動画に変更できます。

SECTION 04-17

# フリートークで視聴者とやり取りする

**コメントは動画ごとにつけるが、こちらはチャンネル全体としてやり取り**

チャンネルページには、掲示板のように書き込みができるフリートークの画面があります。すべての人に見えますが、皆で情報交換ができるスペースなので活用してみてはいかがでしょう。もし、不快なやり取りになってしまうのなら、承認制にすることも可能です。

## フリートークを使用する

1 フリートークタブをクリック。

2 視聴者とメッセージのやり取りができる。

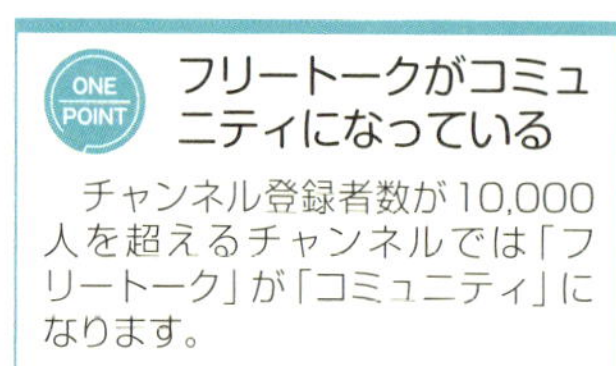

**ONE POINT フリートークがコミュニティになっている**

チャンネル登録者数が10,000人を超えるチャンネルでは「フリートーク」が「コミュニティ」になります。

## フリートークを承認制にする

1 チャンネルのカスタマイズ画面を表示させ(SECTION 04-05手順1、2参照)、⚙をクリック。

2 「フリートークタブを表示する」の▼をクリックし、「承認されるまで表示しない」をクリック。「保存」をクリック。

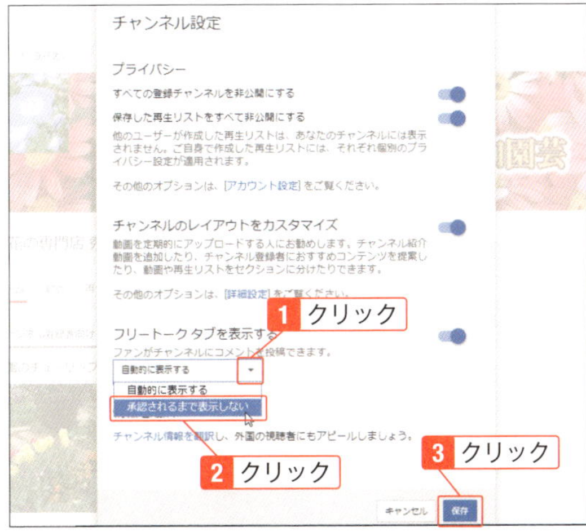


## フリートークのメッセージを管理する

1 YouTubeのトップ画面のアカウントアイコンをクリックし、「YouTube Studio」をクリックする。

**2** 「コメント」をクリックするとメッセージが表示される。承認制にした場合は、「確認のために保留中」をクリック。

**3** 承認する場合は「チェック」をクリック。

### フリートークの管理

フリートークのメッセージは、動画に付けるコメントと同様にコメント一覧に表示され、削除したり、特定のユーザーのコメントを非表示にしたりなどができます（SECTION 03-14、15、16参照）。

### スマホでフリートークを使うには

スマホのYouTubeアプリではフリートークは使えません。スマホのブラウザでパソコンサイトを表示させて送信します。

Chapter

# 05

# 撮影や編集のコツを覚えて魅せる動画を作ろう

商品紹介やイメージアップのための動画は、そのまま投稿するより少し手を加えた方が印象的な動画になります。パソコン版YouTubeには、よく使う動画編集機能が用意されているので、スマホで撮影した動画もいったん非公開でアップロードしておき、パソコンで編集するとよいでしょう。このChapterでは、動画の撮影と編集について説明します。YouTube以外のアプリを使った動画編集についても紹介します。

# 動画の撮影に必要なもの

## 基本的にはスマホがあればOKで、三脚などの小物があると便利

動画の撮影というと、いろいろな機器を用意しないといけないと思っている人もいるかもしれませんが、基本的にはスマホさえあれば十分です。ですが、ビジネスで利用する場合などは、「少しでも見栄えのよいものにしたい」「他社の動画と差を付けたい」と思うでしょう。そこで、撮影時にあると便利なものを紹介します。

### 最低限必要なもの

短時間の動画を撮るのなら、スマホで十分です。常に持ち歩いているスマホなので、どこにいても撮影することができ、撮った動画をそのままYouTubeにアップロードできるので便利です。長時間撮影する場合や高画質の動画を撮る場合は、ビデオカメラを使います。その場合は、撮影した動画をパソコンに送ってからYouTubeに投稿します。

### 撮影時にあると便利なもの

**●動画編集アプリ**

基本的な編集なら、パソコン版YouTubeでもできますが、本格的に編集したい場合は動画編集アプリがあると便利です。本書ではSECTION 05-11と12でスマホのアプリを紹介します。

●三脚

長時間の撮影の場合、スマホやカメラを持ち続けるわけにはいきません。そのようなときに三脚があると便利です。

●自撮り棒

歩きながら自分を撮影するときに便利です。

●外部マイク

講義形式や演奏の動画では、スマホやビデオカメラだけでは音を拾えないこともあるので、マイクがあると便利です。

●LEDライト

室内での撮影は暗く映りがちです。LEDライトを使うと映りがよく見えるので、講義形式の動画を投稿する人は用意するとよいでしょう。

▲サンテックスリムライト LG-E268C

# スマホで撮影するときのポイント

### 横向きの画面で撮影した方が、見やすい動画になる

スマホで動画を撮影できるのはわかっていても、実際に撮影するとなると、「アプリはどれを使えばいいの？」と迷う人もいるかもしれません。また、「縦向きと横向きどちらで撮ればいいのかわからない」といった人もいるでしょう。ここでは、スマホで撮影するときのポイントや注意事項について説明します。

## スマホで撮影する

スマホで撮影するには、「YouTubeアプリを使う方法」と「カメラアプリを使う方法」があります。今見ている場面をすぐに投稿したい場合は、YouTubeアプリを使うと録画ボタンをタップするだけで撮影できます。何回か撮影して、そのなかから選んで投稿したいときはカメラアプリを使います。

▲YouTubeアプリで撮影中

▲iPhoneの標準カメラで撮影中

## 撮影時のスマホの向きは？

スマホを縦向きで撮影すると、パソコンで見たときに画面の左右に余白が入ります。スマホでは画面に合わせて自動調整されるので気にしなくてもよいですが、パソコンやテレビで見る人もいることを考えると、やはり横向きで撮影した方が親切です。

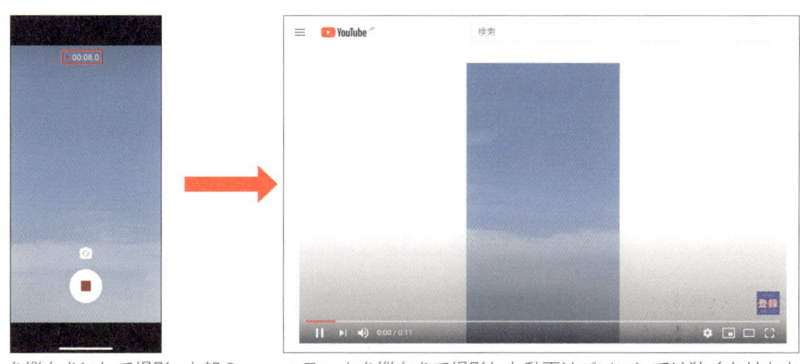


▲スマホを縦向きにして撮影。上部のタイマーを見ると縦にしていることがわかる

▲スマホを縦向きで撮影した動画はパソコンでは狭くなり左右が余白ができる

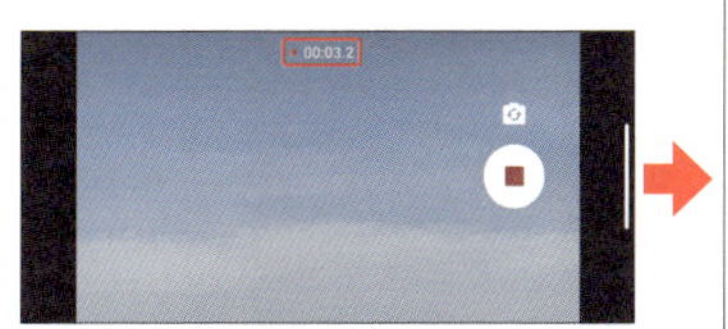


▲スマホを横向きにして撮影。上部のタイマーを見ると横にしていることがわかる

▲スマホを横向きで撮影した場合は広く表示できる

## カメラのブレを軽減するには

動画がブレていると、見ていて疲れるので、途中で他の動画に移ってしまう人もいます。最後まで気持ちよく見てもらうためにも、三脚を使うなどしてブレないように工夫してください。Androidスマホの場合は、Googleフォトの中で「スタビライズ」という手振れ補正機能があるので使ってみるとよいでしょう。

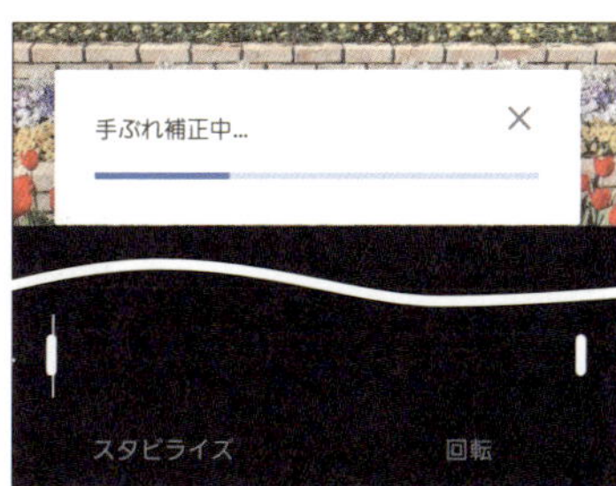


Googleフォトアプリ(Android)のスタビライズ▶

# 動画を編集するとは

## 顔をぼかしたり、余計なシーンをカットする

YouTubeでいろいろな人の動画を見ていると、プロ並みの動画を時々見かけることがありますが、そういった動画の多くは、編集してから投稿しています。「そもそも動画を編集するとはどういうこと？」「難しそうに思うけれど、専門知識は必要なの？」そのような疑問を持っている人のために説明しましょう。

## 動画で行える編集にはどんなものがある？

写真と同じように動画も補正の編集ができます。入れたくない部分をカットしたり、動画に合わせて音楽を入れたりなどが可能です。

また、動画の撮影は、ずっとカメラを回しているので、写真よりも余計なものが映ってしまいがちです。他人の顔や車のナンバーなどをぼかす作業も動画編集の一つです。

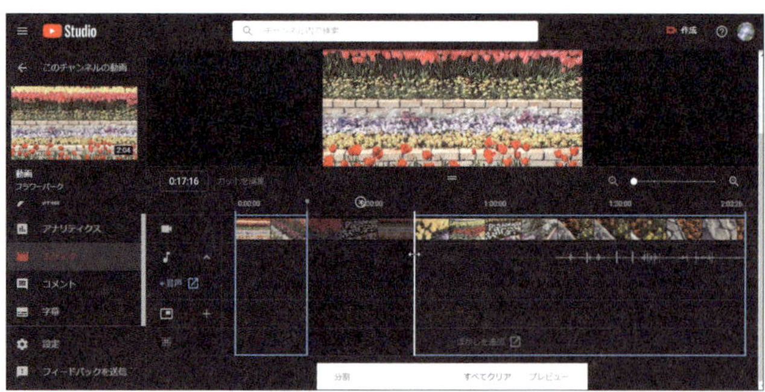


▲不要な部分をカットできる。

▲動画の一部をぼかすことができる

## 動画編集には専門の知識が必要？

動画編集というと、専門の人でないとできないのでは？と思う人もいるかもしれませんが、パソコン版YouTube Stuidoで簡単に編集ができます。動画をカットしたり、ブレを補正したり、動画の後半に画像を入れたりなどを、他のアプリを使わずにできます。

もし、文字を入れたり、複数の動画をつなぎ合わせたりしたいときには、スマホの編集アプリを使う手があります。本書では、誰にでもできる編集方法を紹介するので安心してください。

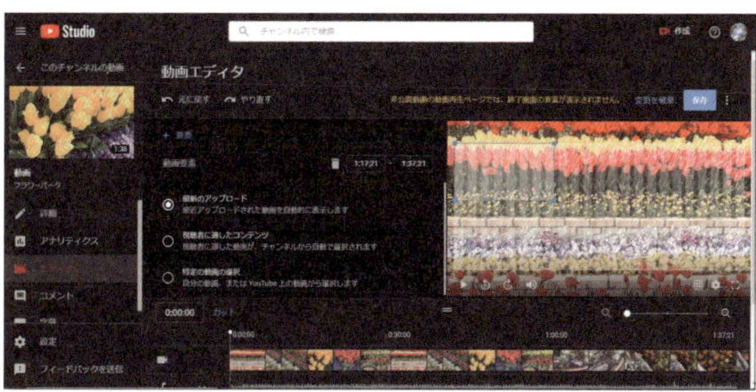

▲パソコン版YouTube Studioの動画加工ツールを使うと動画の補正ができる（SECTION 05-04～10）

▲動画の後半に画像を入れることもできる（SECTION 05-08）

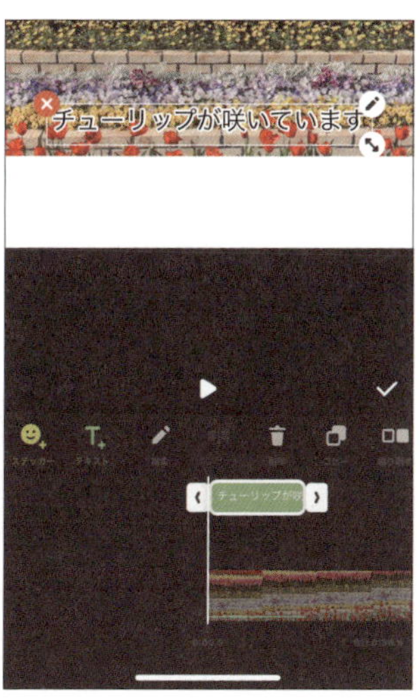

◀スマホの「Inshot」アプリで、文字を入れたり、複数の動画をつなぎ合わせたりすることができる（SECTION 05-12）

05-04
SECTION

# 動画にBGMを付ける

## ライセンスフリーの素材など、著作権に触れないものを使おう

動画に音楽を入れたいと思っても、著作権があるので勝手に入れるわけにはいきません。YouTubeには、自由に使える音楽が用意されていて、さまざまな種類の音楽の中から動画のイメージに合わせて選ぶことができます。音楽と音声を一緒に入れたり、撮影時に入ってしまった雑音を消して音楽だけにしたりすることも可能です。

### 音楽を追加する

1 YouTube Studio（YouTubeの画面右上のアカウントアイコンをクリックして「YouTube Studio」をクリック）を表示し、「動画」をクリックして、編集する動画の鉛筆のアイコンをクリック。

**YouTube Studioの動画編集**

YouTube Studioでは、ここで説明する音楽の追加以外にも、カット（SECTION05-05）やぼかし（SECTION05-06）などの編集ができます。執筆時点では、明るさの調整や文字の追加などをしたい場合は、別途アプリが必要になります。

2 「動画の詳細」画面が表示されたら「エディタ」をクリック。はじめて使用する場合でメッセージが表示されたら「使ってみる」をタップ。

3 「動画エディタ」画面が表示されるので、「音声」の「v」をクリック。

**4** 「音声」をクリック。

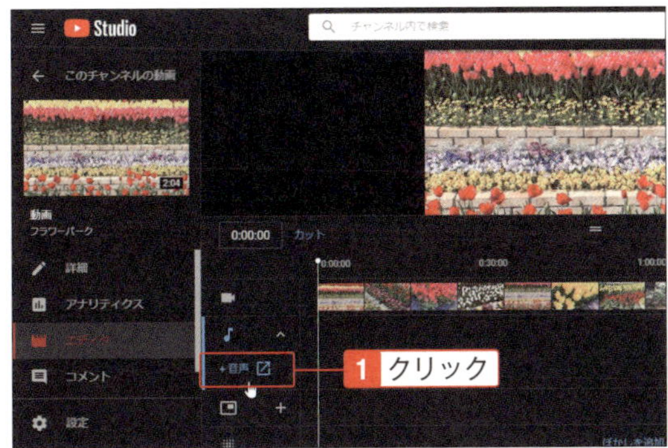

## 音楽の入れ方

音楽には著作権があるので、好きな音楽を勝手に入れることはできません。YouTubeにはフリーで使える音楽が用意されています。クラシックやロックなどに分かれているので、動画の内容に合う音楽を選んで入れましょう。

**5** 追加したい音楽の「動画に追加」をクリック。

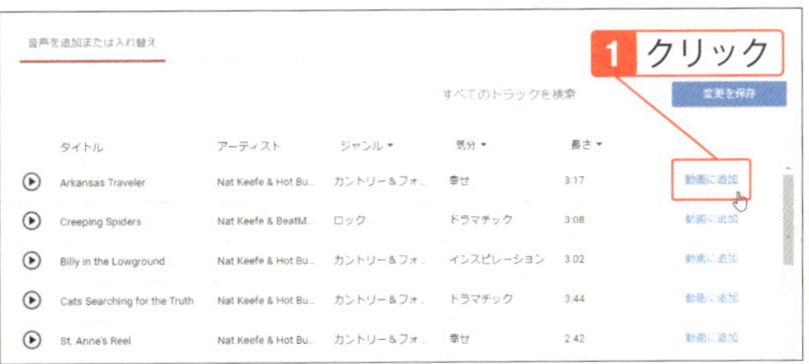


**6** 動画に含まれる音声も入れる場合は「音声のサチュレーション」のバーをドラッグ。「変更を保存」をクリック。メッセージが表示されたら「保存」をクリック。

## 動画の一部に音楽を入れるには

動画の下にあるバーの左端または右端をドラッグすると動画の途中に音楽を入れることもできます。ただし、複数の音楽を入れることはできません。

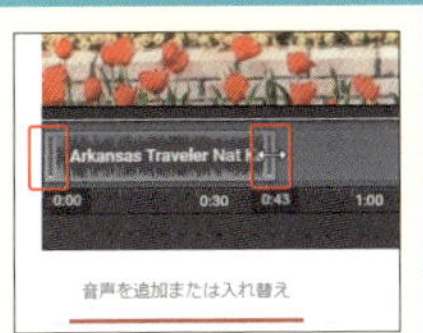

# 動画を切り取って一部分を使用する

## 必要ないものが映っていたり、同じようなシーンがダラダラ続く時に

「動画の途中に、予期せぬものが映ってしまった」というのはよくあることです。特に人の顔はプライバシーの侵害にあたるので心配です。ぼかしてもよいのですが、不要な場面なら思い切ってカットしてしまう手もあります。YouTubeStudioのエディタにも動画を部分的にカットできる機能があるので紹介しましょう。

### 動画の中間部分を切り取る

1 「動画エディタ」画面（SECTION05-04手順3）で、「カット」をクリック。

**動画の先頭や末尾をカットしたい場合は**

次ページの手順3の画面で、左端の青の境界線をドラッグすると先頭部分を切り取ることができ、右端の青の境界線をドラッグすると後半部分を切り取ることができます。

2 削除する部分の先頭をクリック。

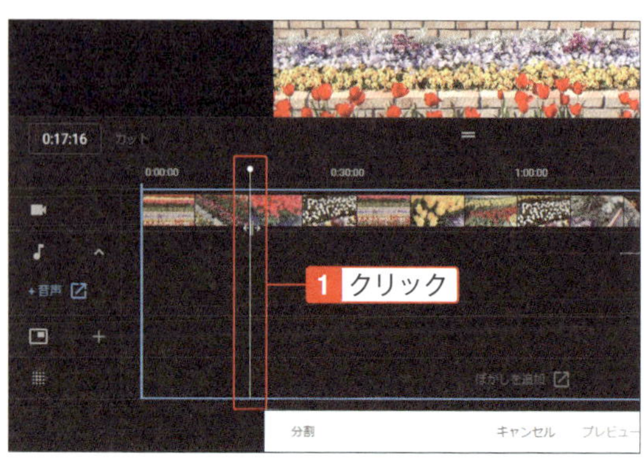

**3** 「分割」をクリック。

**4** 白いバーを削除する部分の末尾までドラッグし、「プレビュー」をクリック。

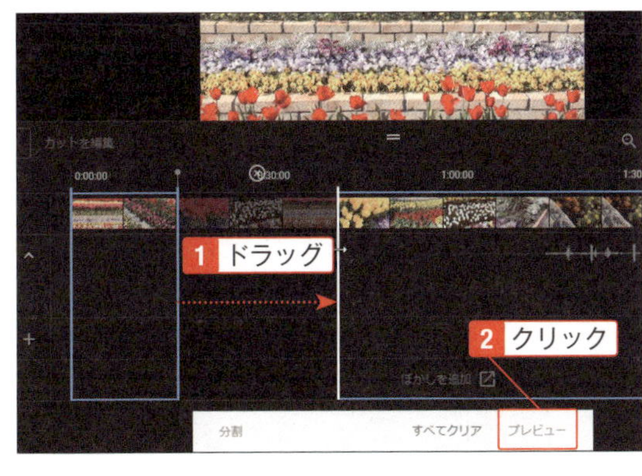

### 切り取る部分を変更するには

保存する前なら、手順4の「カットを編集」をクリックし、変更することができます。

**5** 「保存」をクリックし、メッセージが表示されたら「保存」をクリック。

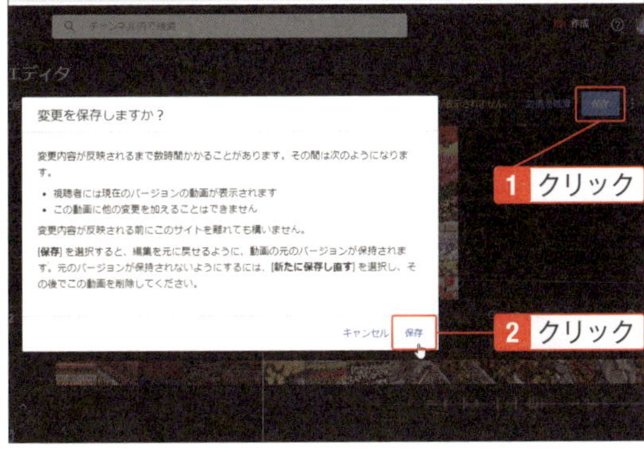

### 処理に時間がかかる

動画の処理に時間がかかります。他のページに移動してもかまいませんが、しばらく経ってから動画の確認をしてください。

05-06
SECTION

# 人物の顔や車のナンバープレートなどをぼかす

## 個人情報が分かるものが映り込んでいたら対処が必要

人の顔や車のナンバーなど個人を特定できる情報を動画に載せるわけにはいきません。もし映っていた場合、前のSECTIONのようにカットできればよいのですが、カットできない場合はぼかしを入れましょう。ビジネスで使っている場合などは、信用に関わることなので公開前に必ずチェックをして、必要であればぼかしを入れてください。

### 人物の顔をぼかす

1 「動画エディタ」画面（SECTION05-04手順3）で「ぼかしを追加」をクリック。

2 「顔のぼかし処理」の「編集」をクリック。

3 人の顔にぼかしが入った。「保存」ボタンをクリック。

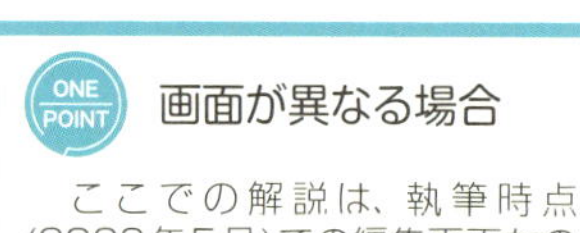


**画面が異なる場合**

ここでの解説は、執筆時点（2020年5月）での編集画面なので今後変更になる場合があります。

## 特定の部分をぼかす

1 「カスタムぼかし」の「編集」をクリック。

2 再生を止めて、ぼかしたい箇所をクリック。ドラッグで移動とサイズ調整が可能。

ONE POINT 動くものは自動認識でぼかせる

車やオートバイなど動くものをぼかしたいときは、クリックすると対象物を追いかけて自動的にぼかしてくれます。

3 下部のタイムラインで、赤い縦線をドラッグして調整する。再生して確認したら右下の「完了」ボタンをクリック。元の画面に戻ったら右上の「保存」ボタンをクリック。

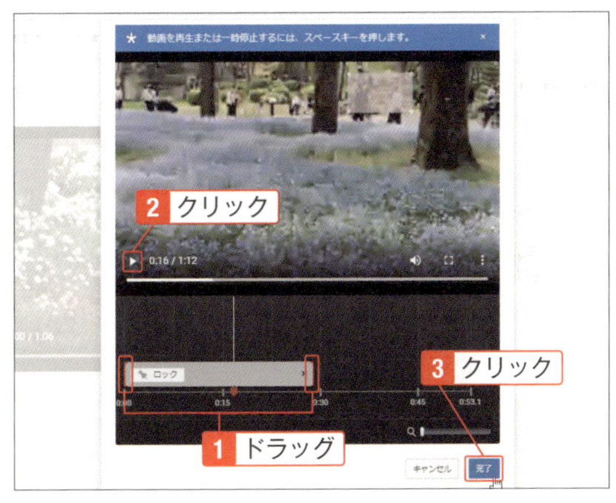


ONE POINT ぼかしを削除するには

手順3の画面で、タイムラインの「ぼかし」をクリックして「×」をクリックすると削除できます。

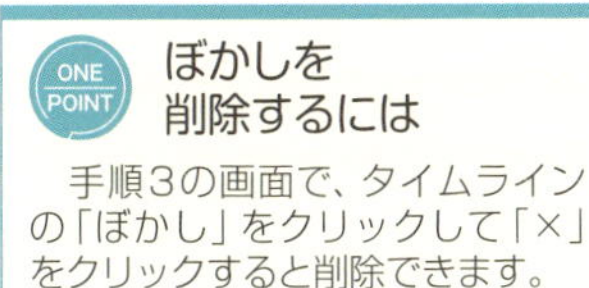

# 動画に字幕を入れる

## 音を出さずに再生する人に効果的

SECTION 02-26で字幕の表示方法について説明しましたが、ここでは、字幕を付ける方法を説明します。テロップのようにも使えるので、時間に余裕がある場合は入れておきましょう。なお、自動で字幕を入れる方法もありますが、その場合はここでの操作を参考にして修正してください。

### 字幕を追加する

「動画の詳細」画面（SECTION05-04手順2）で、「字幕」をクリック。▼をクリックして「日本語」にし、「確認」をクリック。

**ONE POINT 字幕を表示するには**

視聴者が字幕を表示する方法については、SECTION 02-26を参照してください。

「追加」をクリック。

**ONE POINT 視聴者が字幕を入れられるようにするには**

手順2の画面左下にある「視聴者への翻訳依頼」を「この動画ではオン」にすると、視聴者が字幕を追加できるようになります。

**3** 「新しい字幕を作成する」をクリック。

**4** 再生を停止し、字幕を追加する位置までスライダをドラッグ。ボックス内に文字を入力し、「+」をクリック。拍手が聞こえる箇所に[拍手]なども入れるとよい。

**5** 同様に他の個所にも文字を入力する。位置がずれてしまった場合は、動画の下のタイムラインで字幕の枠をドラッグして調整する。すべての入力が終わったら「変更を保存」(公開している場合は「公開」)をクリック。

## 自動で字幕を入れるには

すべての動画に自動で字幕を入れる方法もあります。YouTubeの画面に切り替え、画面右上のアカウントアイコンをクリックし、「設定」をクリックし、表示された画面の「再生とパフォーマンス」で「自動生成された字幕を含める」にチェックを付けます。自動生成された字幕が正しくない場合は、手順2の画面で、作成された字幕をクリックし、次の画面で「編集」をクリックして修正してください。

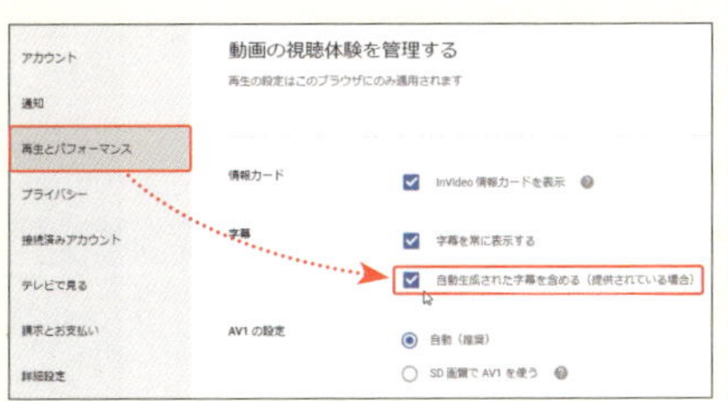

# 動画の最後で他の動画へ誘導したり、チャンネル登録をうながす

## 最新動画や、視聴者の嗜好に合った動画を設定できる

せっかく動画を見てくれたので、ついでに他の動画も見てもらいたいものです。そのようなときは動画の後半に、他の動画や再生リストへ誘導する画面を表示させましょう。また、チャンネルを登録してもらいたい場合は、チャンネルページへ移動させることもできます。視聴回数を増やすのに効果的な機能なので活用しましょう。

### 最新の投稿動画へ誘導する

**1** 「動画エディタ」画面（SECTION05-04手順3）で「終了画面」の「+」をクリック。

**2** 「動画」をクリック。

**終了画面とは**

終了画面は、動画の最後の20秒間のことです。最後の場面で、他の動画やチャンネル登録を入れることでファンを増やすことができます。なお、終了画面は、「動画の長さが25秒以上」「公開設定」「子供向けではありません」の動画に設定できます。

3 「最新のアップロード」を選択。動画の再生を停止し、タイムラインの最後の20秒間で要素を入れる箇所をクリック。

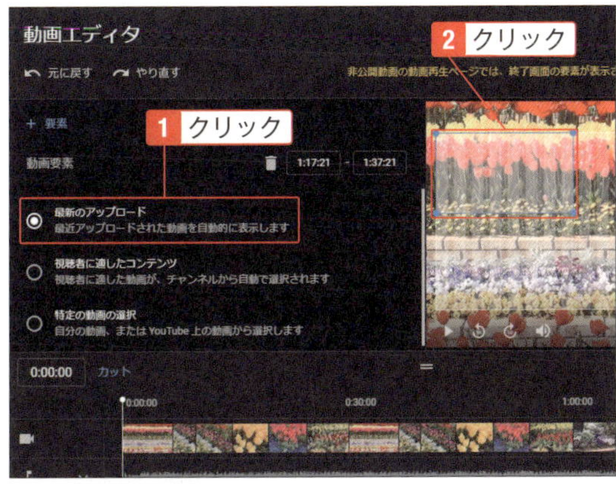

### 投稿時に終了画面を設定する

投稿時に終了画面を設定することもできます。その場合は、SECTION03-04の手順6で「終了画面の追加」の「追加」をクリックして設定します。ただし、標準画質の処理が必要なので、「追加」ボタンをクリックできるまでに少し時間がかかります。

4 「保存」をクリック。

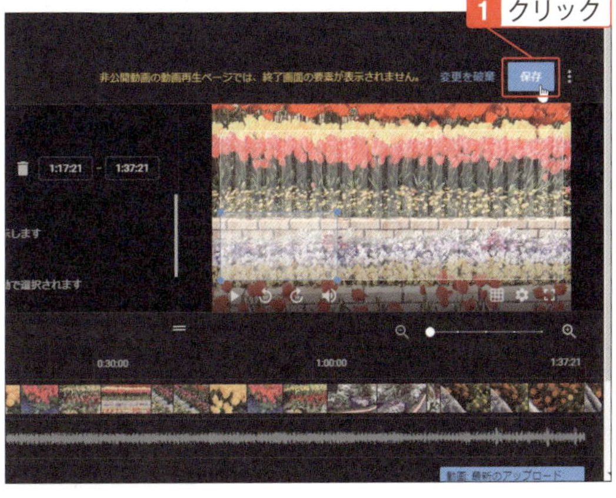

### 視聴者に適した動画や特定の動画を表示させるには

視聴者が好みそうな動画を表示させたい場合は、手順3の画面で「視聴者に適したコンテンツ」を選択します。特定の動画にする場合は「特定の動画の選択」をクリックします。

## チャンネルを表示する

1 「要素の追加」をクリックして「チャンネル」をクリック。

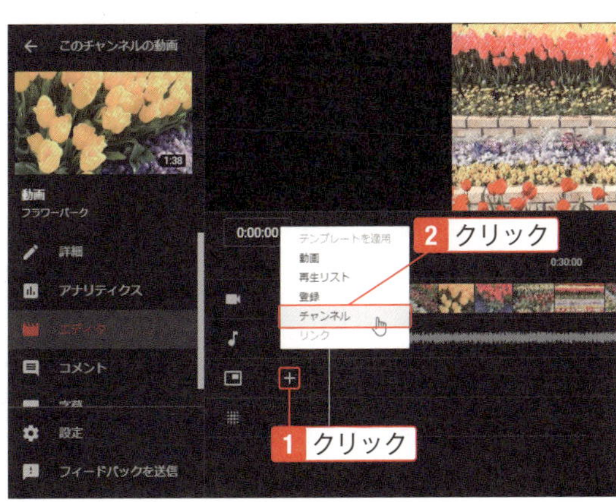

### 追加できる要素の数

要素は最大4つまで追加できます。ただし、そのうちの1つは「動画」または「再生リスト」にする必要があります。

2 表示させたいチャンネルを検索し、クリック。

3 チャンネルが追加された。他の要素と被らないようにドラッグして移動させる。

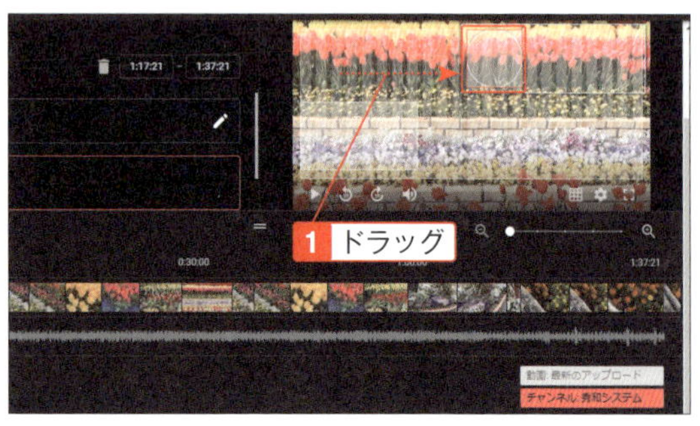

### 再生リストを追加するには

同様に「要素の追加」をクリックして、「再生リスト」を選択すると、SECTION03-17で作成した再生リストを表示させることができます。

4 説明を入れる場合は「カスタムメッセージ」に入力し、「保存」をクリック。

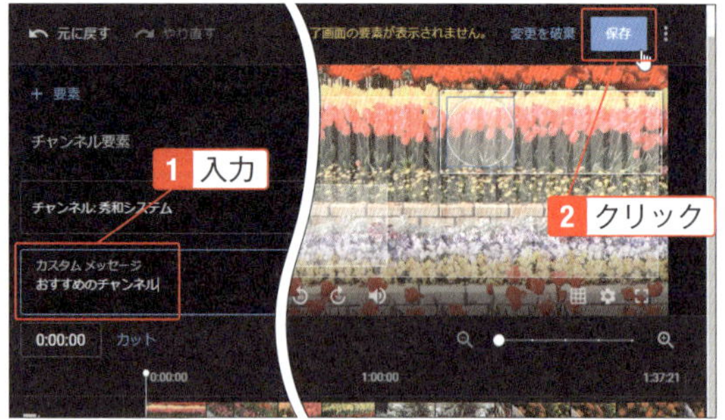

### 追加した要素を削除するには

動画の右上にある使用中の要素一覧から削除する要素をクリックして、ゴミ箱のアイコンをクリックすると削除できます。

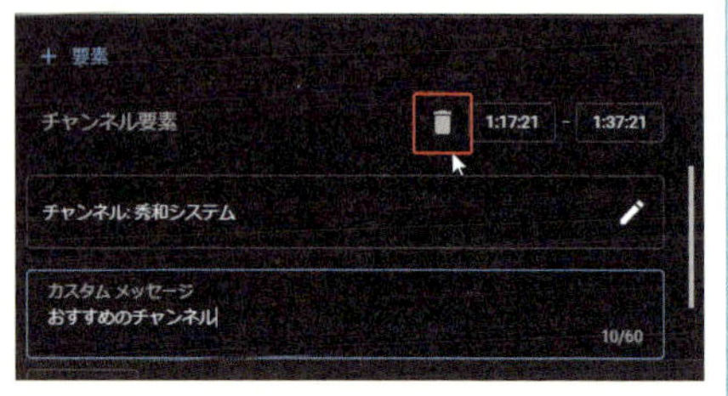

## 登録をうながす画像を入れる

**1** 「＋」をクリックして、「登録」をクリック。

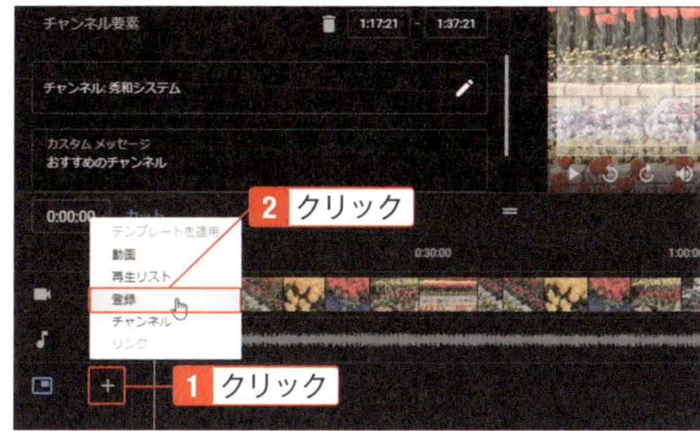


**2** 登録要素を追加した。他の要素と被らないように移動させる。「再生」ボタンをクリックして確認する。

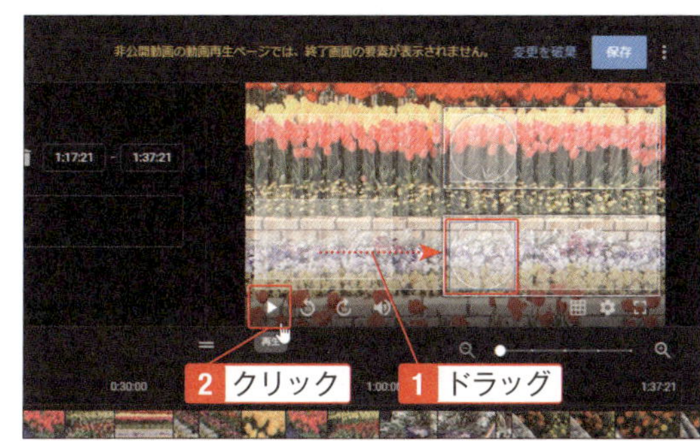


**3** 「保存」ボタンをクリック。

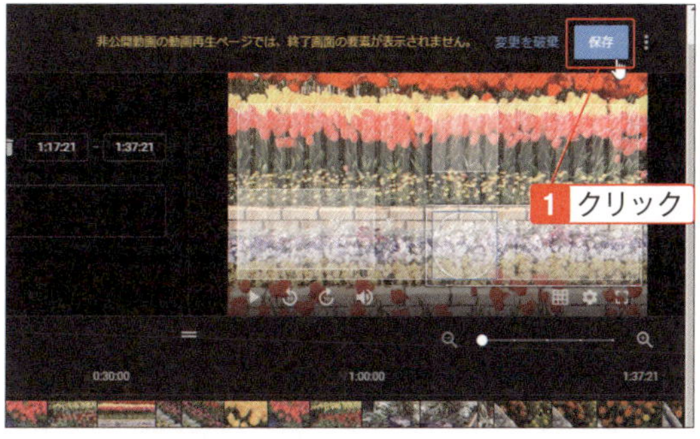

### 終了画面にリンクを入れるには

「要素を追加」にある「リンク」を使うと、ホームページへのリンクを動画に入れられます。リンクを使うには、パートナープログラム（チャンネルの過去12ケ月間の総再生時間が4,000時間、チャンネル登録者が1,000人）でないと使えません。

### テンプレートを使うには

動画の上にある「テンプレートを使用」をクリックすると、あらかじめ用意されている終了画面のサンプルから選択して使うことができます。ただし、テンプレートを使えるのは他の要素を追加していない場合に限ります。

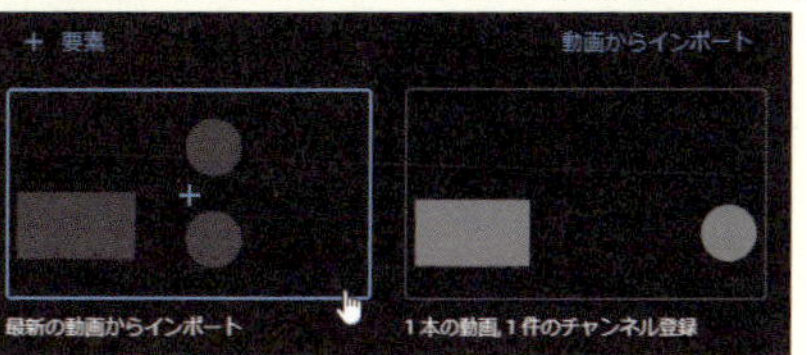

# カードを使って動画を宣伝したり、アンケートを取る

## 動画の後半だけでなく、任意のタイミングに表示できる

前のSECTIONの終了画面は、動画の後半に表示されますが、「カード」を使うと動画の中で他の動画へ誘導できるリンクを表示できます。動画だけでなく、アンケートを入れることもできます。アンケート結果から、仕事のアイデアや企画の参考になることが得られるかもしれないので使ってみてはいかがでしょう。

### 再生リストに誘導する

**1** 「動画の詳細」画面（SECTION05-04手順2）で、「カード」をクリック。

**カードを選択できない**

子供向けの動画に設定されている場合にはカードを設定できません。子供向けになっている場合は動画の編集画面で「子供向けではない」に変更してから設定してください。

**カードとは**

カードを使用すると、他の動画に誘導したり、アンケートに答えてもらったりできます。カードを挿入すると、視聴時の画面右上に ⓘ が表示されクリックで誘導することができます。1本の動画に入れられるカードは5枚までですが、間隔を詰め過ぎないようにしてください。

**2** 動画を停止し、タイムラインでカードを入れる位置をクリック。「カードを追加」をクリックし、「動画または再生リスト」の「作成」をクリック。

再生リストを選択するか動画のURLを入力し、「カードを作成」ボタンをクリック。ここでは再生リストを選択する。

### ONE POINT 投稿時に終了画面を設定する

投稿と同時に終了画面を設定することもできます。その場合は、SECTION03-04の手順6で「カードの追加」の「追加」をクリックして設定します。ただし、標準画質の処理が必要なので、「追加」ボタンをクリックできるまで少し時間がかかります。

カードが追加される。動画の下の時間軸のスライダをドラッグしてカードを表示させる位置を変更することもできる。

### ONE POINT 追加したカードを削除するには

削除したいカードの をクリックして、 をクリックすると削除できます。

## 動画にアンケートを入れる

1 タイムラインでアンケートを入れる位置をクリックして、「カードを追加」をクリックし、「アンケート」の「作成」ボタンをクリック。

**2** 質問を入力。

**3** 1つめの選択肢を入力。

**4** 2つめの選択肢を入力。選択肢が足りない場合は「選択肢を追加」ボタンをクリックして追加し、5つまで作れる。

**5** できたら「カードを作成」ボタンをクリック。

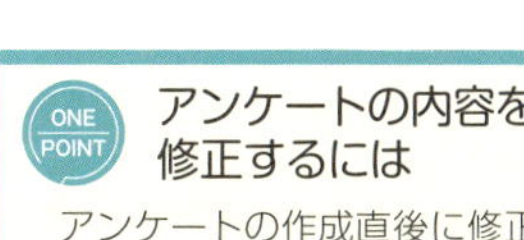

### アンケートの内容を修正するには

アンケートの作成直後に修正が必要になった場合は、✎をクリックして修正することができます。

## アンケート結果を見る

**1** アンケートに答えてもらうと「アンケート結果」ボタンが表示されるのでクリック。

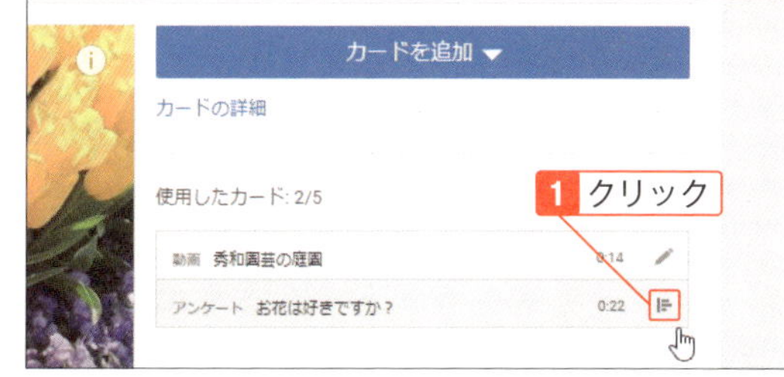


**2** アンケートの結果が表示される。

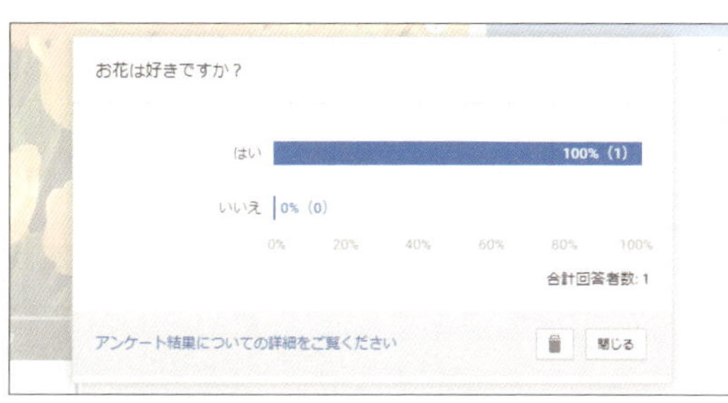

### 視聴者がアンケートに答えるには

動画を見ている人は、右上に表示されるⓘをクリックするとアンケートに答えることができます。

05-10
SECTION

# 動画に会社のロゴを透かしで入れる

## 公開しているすべての動画に、自動でロゴが入る

次から次へといろいろな動画を見ていると、誰の動画だかわからないときもあります。そのような場合、動画にロゴがあればすぐに見分けがつきます。ブランディングという機能を使うと、すべての動画の右下に小さな画像を入れられるので、会社やお店などのロゴを入れるとよいでしょう。ロゴ以外にもチャンネル登録ボタンとしても使えます。

### ブランディングを設定する

1 YouTube Studioの画面左下にある「設定」をクリック。

2 「チャンネル」をクリック。

ブランディングとは

動画の右下に配置するロゴのことです。視聴者がロゴをクリックしたときに、チャンネルページが表示されるので、会社のロゴや登録ボタンを入れます。前のSECTIONのカードの場合は動画ごとに設定する必要がありますが、ブランディングはすべての動画に配置されます。また、終了画面（SECTION 05-08）のような動画の後半ではなく、動画全体に表示させて宣伝することができます。

▲すべての投稿動画の右下に表示される

**3** 「ブランディング」をクリックし、「画像を選択」をクリック。

### ブランディングに使う画像

画像ファイルは、150x150ピクセル、1MB以下のPNGかGIFファイルです。半透明になるので背景色は単色の方が見やすいです。チャンネルアイコンや「登録」の文字の画像などにするのもよいでしょう。

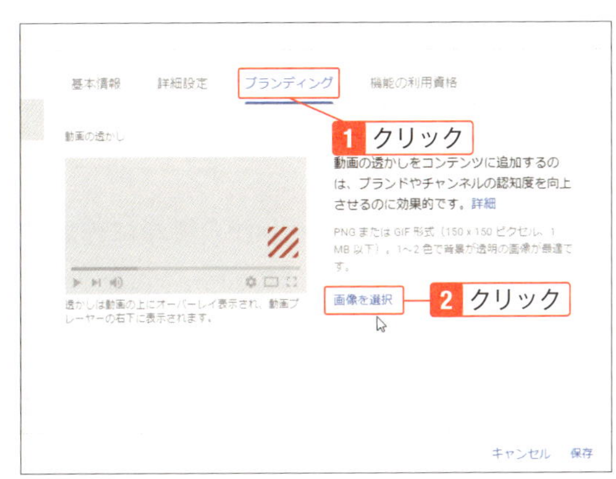


**4** 開始位置を選択する。ここでは「動画全体」を選択。「保存」をクリック。

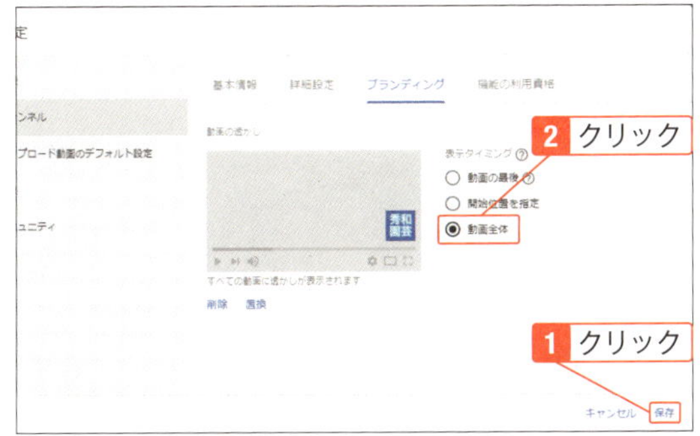


**5** すべての動画の右下にロゴが表示されるようになった。クリックすると、チャンネルページに移動する。

### ブランディングの画像を削除するには

手順4の画面で「削除」をクリックすると削除できます。他の画像にしたい場合は「置換」をクリックして変更してください。

05-11 SECTION

# スマホのアプリでオープニング動画を作る

## センスのいいテンプレートから簡単に作成できる

映画やドラマの始まりのように、オープニング動画を入れると、チャンネルを宣伝できます。もちろん、本編がつまらなければ意味がないですが、まずは視聴者を引き付けることからはじめてみましょう。本格的な映像を素人が作成するのは難しいですが、簡単に作成できるiPhone用の無料アプリがあるので紹介します。

### テンプレートを元に動画を作成する

**1** IntroDeisignerをインストールしたら起動する。起動直後に表示されるガイダンスは画面に従って操作する。

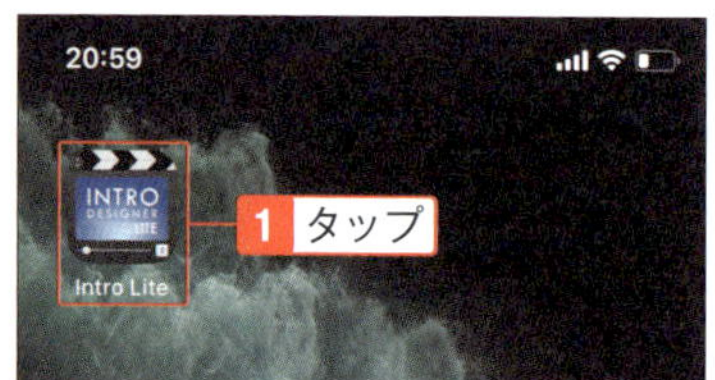

#### IntroDeisignerとは

オープニング動画をスマホで簡単に作れるiPhone向けのアプリです。無料版と有料版がありますが、まずは無料版の「Intro Designer Lite」を使ってみて、良かったら有料版に切り替えるとよいでしょう。

**2** 右上の「+」をタップ。

#### オープニング動画の作成

視聴者は動画の始まりがつまらないと別の動画へ移動してしまいます。そのためオープニング場面は重要です。パソコンの編集アプリは高価ですが、スマホのアプリなら無料で作れるので紹介します。

**3** テンプレートを選択。

**4** 「テンプレートを選択」をタップ。

**5** 「ここをタップしてタイトルを変更」をタップ。

**6** 文字を入力し、「>」をタップすると次の場面に移動する。この操作を繰り返して文字を入れていく。終わったら右上の「行く」をタップ。写真へのアクセスについては「OK」をタップ。

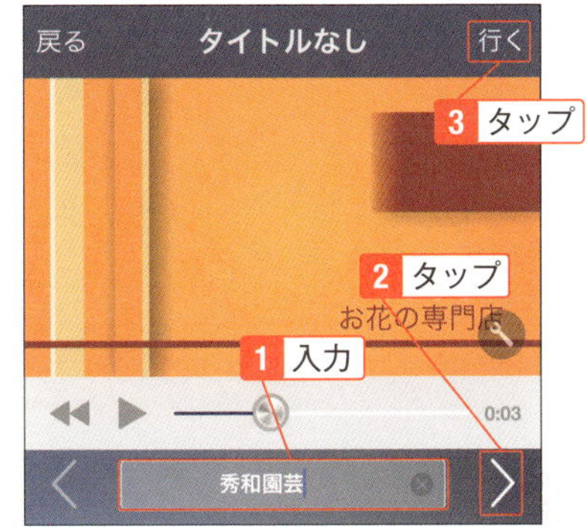


**7** ビデオサイズを選択し、「輸出する」をタップするとカメラロールに保存される。

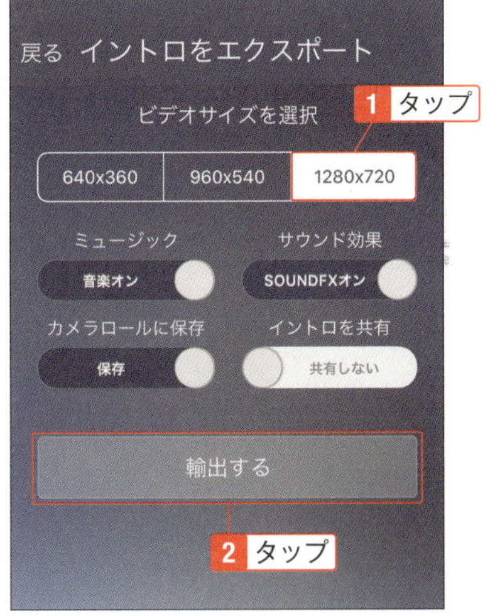

**サンプル文字が不要のときは**

サンプル文字が不要の場合は文字のボックス内にある「×」をタップします。なお、「<」をタップすると前の画面に戻れます。

**動画をつなぎ合わせるには**

このSECTIONでは、オープニング動画を作成しました。本編動画とつなぎ合わせる方法は、次のSECTIONで解説します。

05-12
SECTION

# スマホのアプリで動画を編集する

## パソコンの無い外出先でも動画の編集ができる

本格的な動画を作成する場合は、複数の動画をつなぎ合わせたり、文字を入れたりなどの編集作業をすることになり、高価な動画編集アプリが必要になります。予算がない場合はスマホの無料アプリで利用しましょう。ここでは無料の動画編集アプリの使い方をおおまかに説明します。

### 動画を追加する

1 Inshotアプリをインストールして起動する。

2 「ビデオ」をタップ。すでに作成済みの動画がある場合はこの後「新しい」をタップする。

**Inshotとは**

スマホで動画編集ができる無料アプリです。複数の動画をつなぎ合わせたり、アニメーションのスタンプを入れたりなどが簡単にできます。Android版もありますが、ここではiPhoneの画面で説明します。

3 使用する動画をタップ。複数選択することも可能。選択したら「チェック」をタップ。

## 動画に文字を入れる

**1** 「テキスト」をタップ。

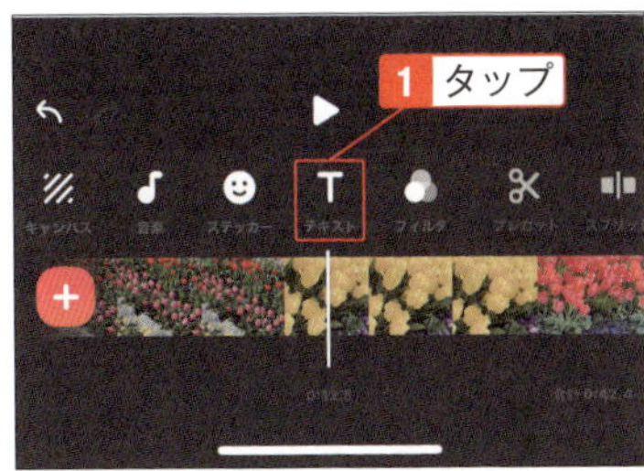


**2** 文字を入力し、色のボタンをタップ。

**3** 最下段にある文字飾りを選択。カラーバーから色を選択し、「チェック」をタップ。

**4** ピンチインとピンチアウトでサイズを変更し、「チェック」をタップ。

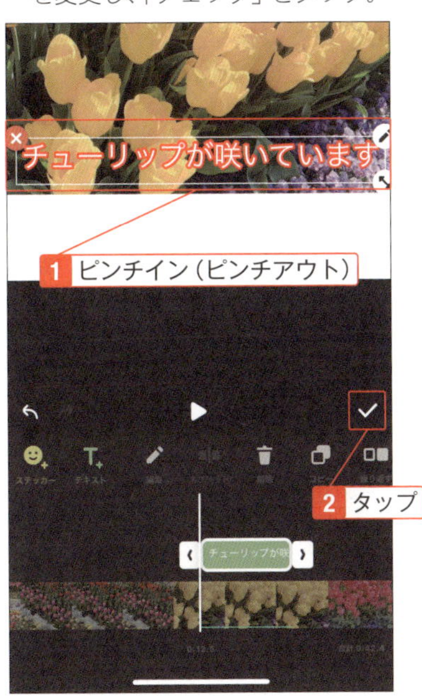


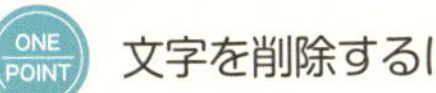

### ONE POINT 文字を削除するには

手順1で「テキスト」をタップすると、下部に追加したテキストが表示されているのでタップし、「削除」をタップして、「チェック」をタップします。

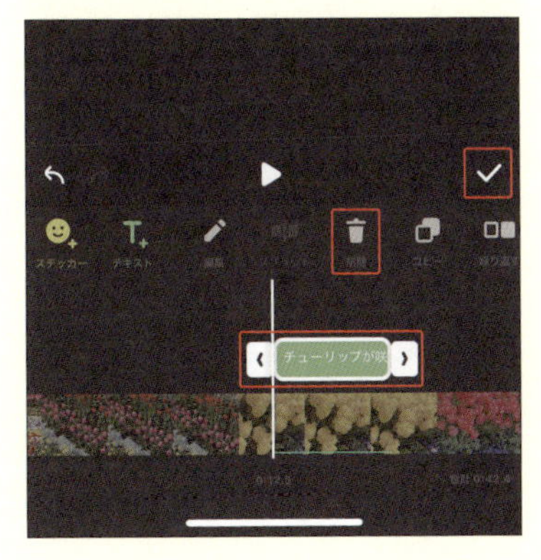

## フィルタを付ける

**1** 「フィルタ」をタップ。

**2** 「フィルタ」をタップ。

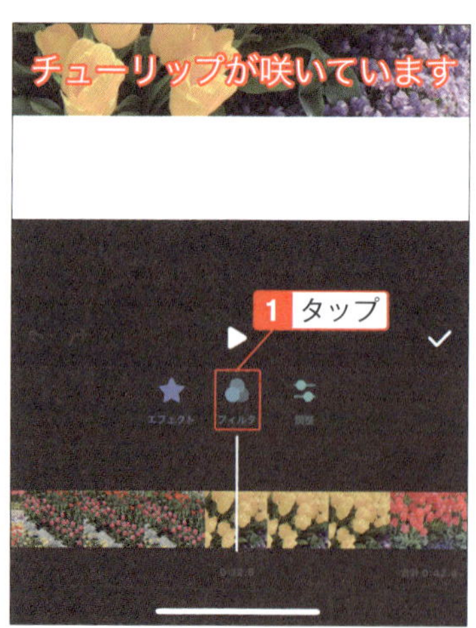

### エフェクト効果

手順2で「エフェクト」をタップすると、砂嵐やゴーストのような特別な効果を付けることができます。

**3** 「フィルタ」をタップして好みのフィルタをタップし、「チェック」をタップ。

## 明るくする

**1** 「調整」をタップ。

**2** 「明るさ」のスライダをドラッグして調整する。「チェック」をタップ。

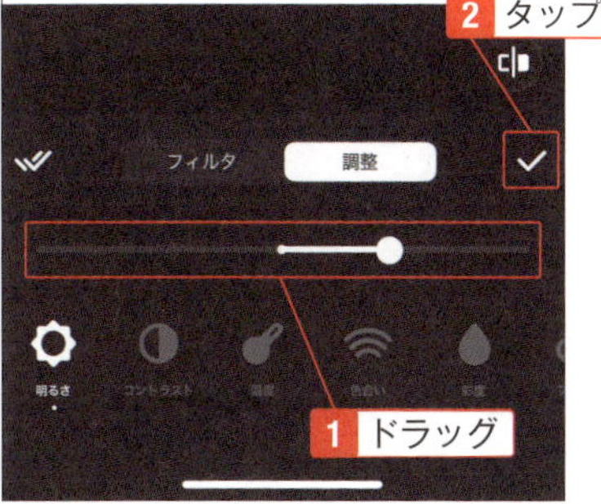

### コントラストや色合いの調整

手順2の画面で、「コントラスト」や「色合い」などを調整することも可能です。

## 早送りにする

**1** 「速度」をタップ。

### 操作を取り消すには

手順1の画面で ↶ をタップすると前の操作に戻せます。

**2** スライダを右方向にドラッグすると速くなる。反対に左方向にドラッグすると遅くなる。「チェック」をタップ。

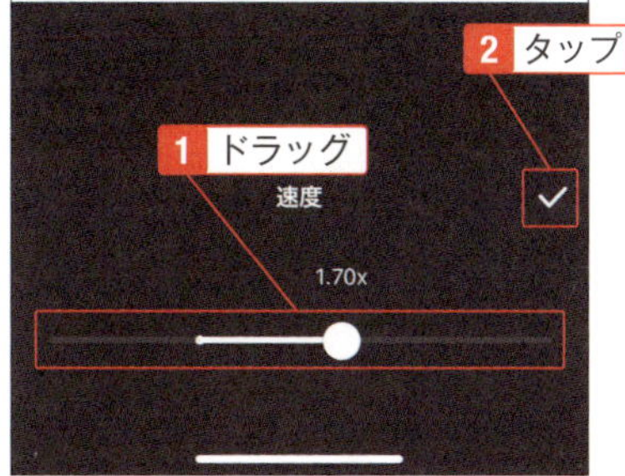


## ステッカーを入れる

**1** 「ステッカー」をタップ。

**2** カテゴリをタップし、目的のスタンプをタップ（一部有料）し、「チェック」をタップ。

### 写真を追加するには

動画に写真を追加したい場合は、手順2の画面で「カメラロールから選択」をタップして「カメラロールから選択」（Androidの場合は「＋」）をタップします。

**3** ドラッグして位置を移動させる。

## 保存する

**1** 「再生」ボタンをタップして確認する。

**2** （Androidの場合は「保存」）をタップし、「保存」をタップ。

### 広告が表示される

Inshotを無料で使う場合は広告が表示されます。表示されている時間が経ったら「×」をタップして閉じてください。広告を非表示にしたい場合は有料の「Inshot Pro」に申し込んでください。

Chapter

06

# YouTubeの広告とアクセス解析の使い方を理解しよう

YouTubeでは、動画の下部に広告のバナーが表示されたり、動画の再生中にテレビコマーシャルのような広告の動画が流れたりすることがあります。これらの広告は、なぜ表示されるのでしょうか？このChapterでは、YouTubeの広告がどのようなものかを説明してから、投稿動画に広告を表示させる方法を解説します。また、会社やお店の動画をYouTubeの広告に出して宣伝する方法もあるので紹介します。

06-01
SECTION

# YouTubeの広告とは

## 動画の最初に流れるCMや、検索結果に表示されるものなど様々

YouTubeを使っていると、あちらこちらに広告が表示されます。動画の視聴が目的ですから広告が鬱陶しいと思う人もいるでしょう。ですが、YouTubeを利用する人なら広告の意味を知っておくことも必要です。ここでは、「なぜ広告が表示されるのか」「どうやって表示されているのか」を説明するので理解しておきましょう。

### YouTubeに表示される広告

YouTubeにアクセスすると、トップ画面の上部に広告動画が表示されます。また、YouTube内で動画を検索すると、検索結果の上部に広告が表示されることもあります。

動画を視聴するときにも、最初にテレビのCMのような広告が流れたり、画面の下部にバナー広告が表示されたりすることもあります。そういった広告は、すべての動画に表示されるのではなく、特定の条件を満たしているチャンネルの投稿者だけが表示させています。

あちらこちらに広告が表示されるので、視聴者にとっては鬱陶しく感じることもあるかもしれませんが、YouTubeを無料で楽しめるのはこれらの広告のおかげなのです。

▲YouTubeのトップ画面に表示される広告

▲動画の検索結果の上部に表示される広告

▲投稿者が動画に入れている広告

▲スマホの「YouTube」アプリのホーム画面に表示される広告

▲自然な状態で表示されるスマホの広告

## 広告内容は多種多様

広告の内容はさまざまです。映画の宣伝や新製品の紹介などがランダムで表示される場合もあれば、コスメの動画を見ているときに美容関係の広告が表示されるように、見ている動画に合った広告が表示される場合もあります。

あるいは、視聴者の嗜好に合わせた広告もあります。例えば、普段からゲームの攻略サイトを見ている人には、ゲームアプリなどの広告が表示されます。同じ動画を見ていても、全員に同じ広告が表示されるのではなく、視聴者の年齢や性別、好みなどに基づいて表示されることもあるのです。

◀**動画の内容に関する広告**：メイクの動画では美容関連の広告が表示される

**視聴者の動向に関する広告**：▶普段からゲーム攻略サイトをよく見ていると、ゲームアプリの広告が表示される

# 広告で収益を得る仕組み

## 一定以上の視聴者を得ているユーザーが広告を入れられる

YouTubeの動画には、広告が表示される動画と表示されない動画があります。どうしてでしょうか？また、広告によって収益を得るにはどうしたらよいのでしょうか？実際に自分の動画に広告を入れてみないとわからないことも多いですが、今後チャンネルの収益化を考えている人はおおまかに理解しておきましょう。

### 「広告無しの動画」と「広告有りの動画」の仕組みの違い

広告無しの動画の場合、投稿者がYouTubeに動画を投稿し、視聴者が動画を見るだけなので、関わっているのは「投稿者」「視聴者」「YouTube」の三者です。

一方、広告有りの動画の場合は、広告主が入るので、「投稿者」「視聴者」「YouTube」「広告主」となります。実際には、広告の収益は広告配信サービスの「Google AdSense」から受け取ることになります。また、広告主は広告出稿サービスの「Google広告」を利用します。

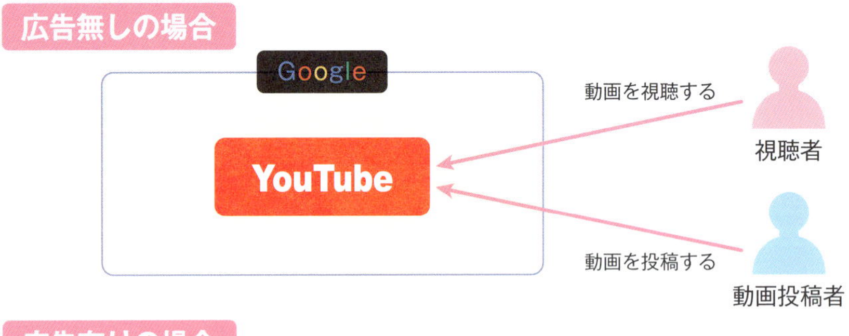

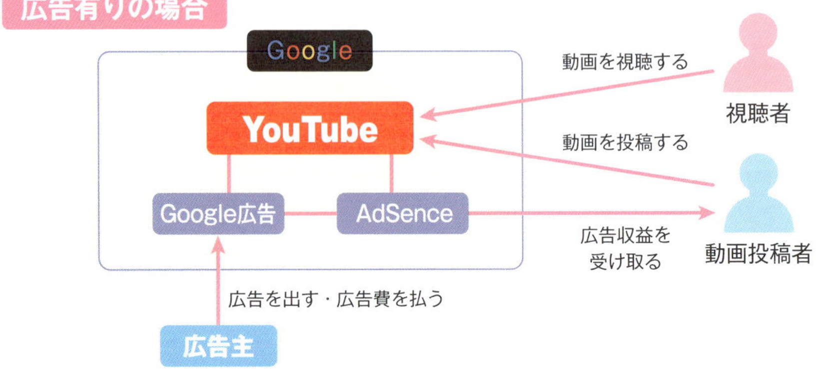

**広告無しの場合**

Google
YouTube
動画を視聴する
視聴者
動画を投稿する
動画投稿者

**広告有りの場合**

Google
YouTube
Google広告
AdSence
動画を視聴する
視聴者
動画を投稿する
動画投稿者
広告収益を受け取る
広告を出す・広告費を払う
広告主

## 誰でも広告を入れられるの？

ユーチューバーと呼ばれる人たちの中には、広告表示によってお金を稼いでいる人達もいます。それを見てやってみたいと思う人が多いのですが、すぐに広告を入れられるわけではありません。詳しくはSECTION 06-04で説明しますが、一定の条件を満たしていなければできません。広告収益が欲しいのであれば、動画の内容を充実させ、視聴者を増やす努力が必要となります。

## 収益発生のタイミング

広告料が発生するタイミングは2タイプあり、「視聴者がクリックした時点で収益が発生するもの」と「広告を視聴してもらうことで収益が発生するもの」があります。

▲視聴者がクリックすると広告収益が発生する

▲広告が最後まで再生されると広告収益が発生する

### 広告収益とは

YouTubeでの広告収益とは、企業や個人などの広告主が出している広告を、アップロードした動画に入れて宣伝し、その報酬を得ることです。

# 収益用の広告形式

## 動画やバナーの形式があり、主に６種類

投稿動画に表示される広告は、いろいろあるように見えますが、実は形式が決まっています。投稿者がどの形式の広告を入れるかを選択することで表示されています。ここでは、投稿動画に表示される広告に、どのようなものがあって、どこに表示されるか、どの端末に表示されるか、実例をあげて紹介しましょう。

### 広告フォーマット

#### ●ディスプレイ広告（PC）

動画の右側、関連動画一覧の上に表示されます。動画の表示部分が大きい場合は、動画の下に表示されることもあります。

#### ●オーバーレイ広告（PC）

動画の画面中央下部に表示される広告です。背景が半透明で文字だけの広告もあります。視聴者は、「×」をクリックして非表示にできます。

## スキップ可能な動画広告（PC、モバイル端末、テレビ、ゲーム機）

広告が5秒間再生された後、広告をスキップするか残りの部分を見るかを視聴者が選択できます。動画本編の前または途中に挿入されます。

## スキップ不可の動画広告（PC、モバイル端末）

スキップ不可の動画広告は、最後まで再生しないと動画を視聴することができません。本編の前後または途中に、15秒また20秒表示されます。

## バンパー広告（PC、モバイル端末）

動画の初めに表示される最長6秒の広告です。視聴者は、最後まで見ることになりますが、短時間なのでそれほど苦痛を感じることなく本編に入れます。

## スポンサーカード（PC、モバイル端末）

スポンサー契約している動画に表示される広告で、動画の右上に表示されます。アイコンをクリックして、宣伝内容を閲覧することもできます。

06-04
SECTION

# 広告収益を受け取れるようにする

## パートナープログラムに参加し、審査を受ける必要がある

誰でも広告収益を得られるわけではありませんが、チャンネル登録数が増えてきて条件を満たしたらチャンネルを収益化してみましょう。ここでは収益化するまでの設定について順を追って解説します。もし、これまで設定が難しくて収益化していなかったチャンネルがあれば、これを機に収益化してみてはいかがでしょう。

### パートナープログラムに申し込む

**1** パソコン版YouTubeの画面で、右上のアカウントアイコンをクリックし、「YouTube Studio」をクリック。

**広告収益を得るには**

チャンネルを開設してすぐに広告を入れられるわけではなく、パートナープログラム（https://support.google.com/youtube/answer/72851）への参加が必要です。パートナープログラムへの参加には、過去 12か月間のチャンネル総再生時間が4,000 時間、チャンネル登録者が1,000人以上という条件があり、審査で承認されると収益化が可能になります。

なお、総再生時間は、YouTube Studioのアナリティクス（SECTION06-06）の「概要」で確認できます。

**2** 「収益受け取り」をクリックし、「参加条件を満たしたら通知する」をクリック。条件を満たしている場合は「開始」ボタンが表示されるのでクリックする。

## 収益化を設定する

**1** ステップ1の「申し込む」をクリック。

**2** 「開始」をクリック。

### 収益化までの手順

収益化までの設定は次のような手順となります。「YouTubeパートナープログラムの利用規約に参加申請する」➡「Google AdSenseに申し込む」➡「収益化の設定をする」➡「収益化を有効にする」

**3** YouTubeパートナープログラム規定を読み、チェックを付けて「規約に同意する」をクリック。

## AdSenseに申し込む

**1** 「ステップ2」の「開始」ボタンをクリック。

### Google AdSenseに申し込む

広告収益を受け取るには、Google AdSenseを利用しなければなりません。そのため、YouTubeで使っているアカウントとGoogle AdSenseを関連付ける必要があります。

YouTubeの画面からAdSenseに移動できるので画面の指示に従って手続きしてください。

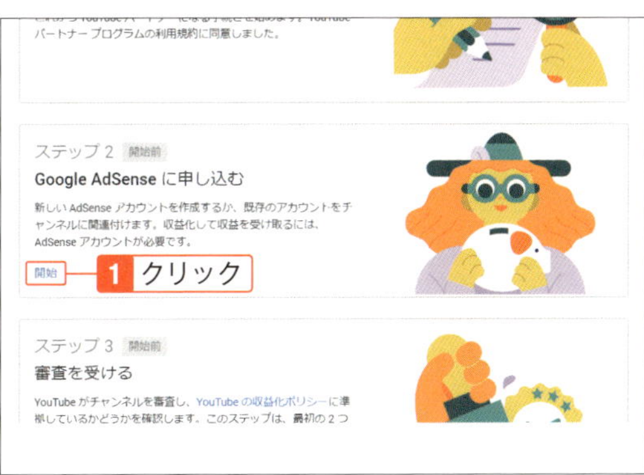

2 「AdSenseアカウントはお持ちですか？」の「▼」をクリック。

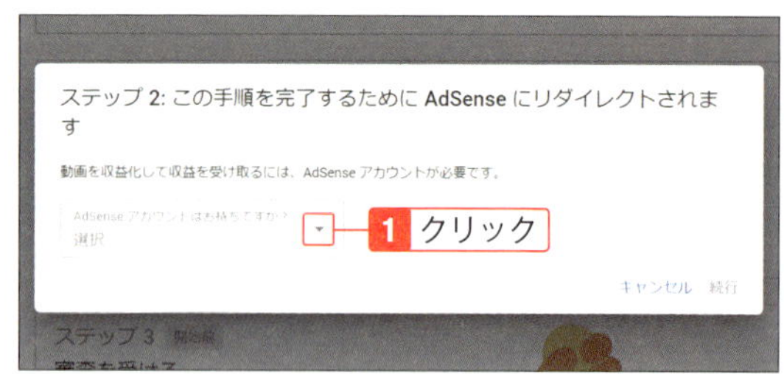


3 「いいえ、既存のアカウントはありません」を選択し、「続行」をクリック。

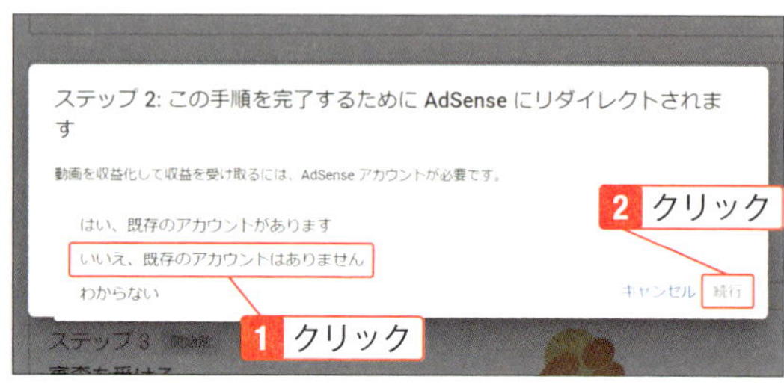


4 AdSenseで使用するアカウントにログインする。

5 チャンネルページのURLが表示される。AdSenseからアドバイスや提案のメールを受け取るかどうかを選択。

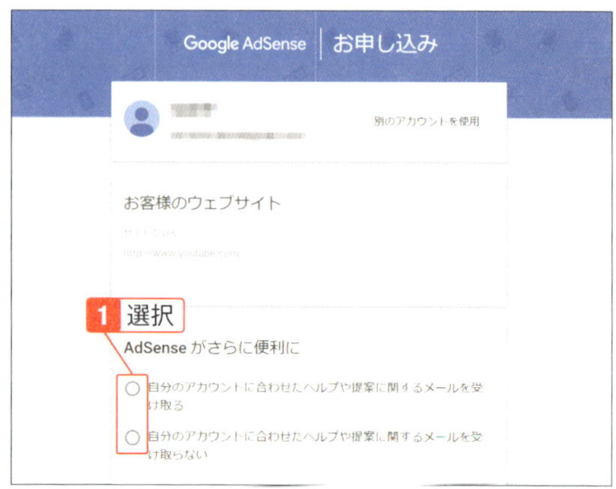

6 「国または地域」を「日本」にし、利用規約を読んでチェックをつけ、「アカウントを作成」ボタンをクリック。

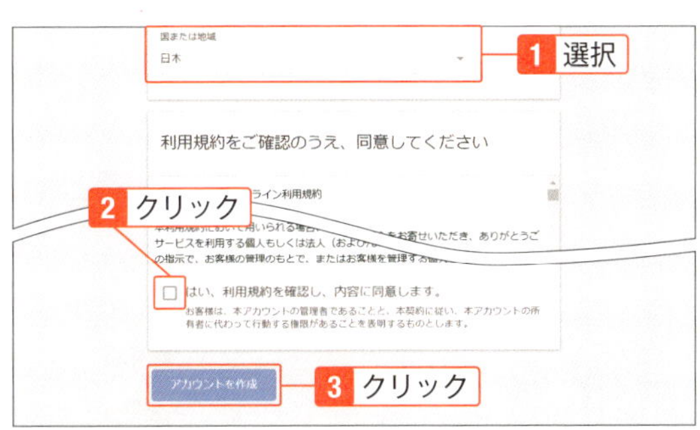


7 Google AdSenseの画面が表示される。ガイダンスは「次へ進む」ボタンをクリックして閉じる。

8 支払先の住所を入力し、「送信」ボタンをクリック。この後メッセージが表示されたら「リダイレクト」をクリック。

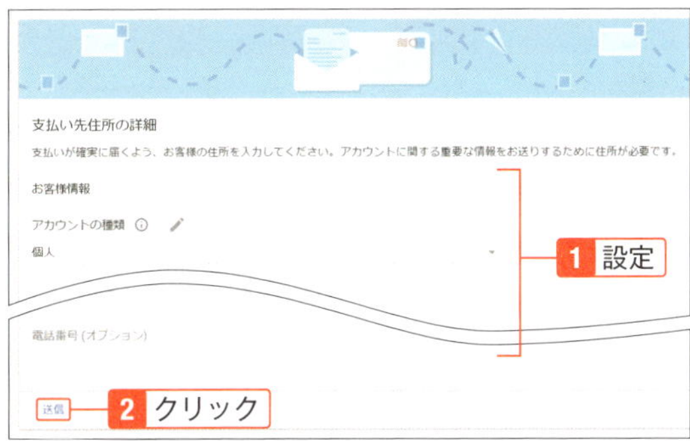


ONE POINT

**リダイレクトのメッセージ**

リダイレクトを待ってもメッセージが表示されたままの場合は「リダイレクト」をクリックしてください。

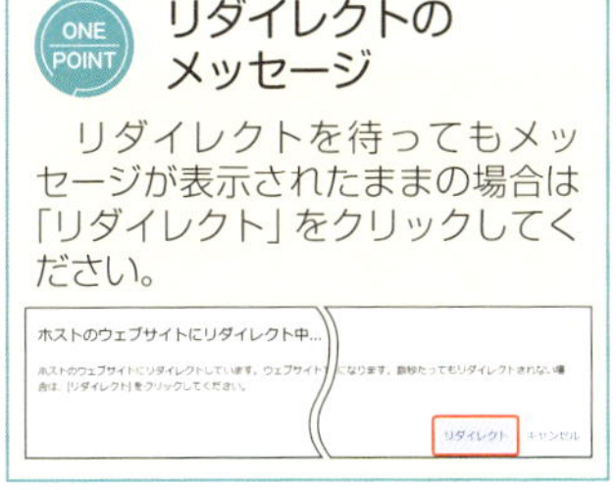


9 「お客様のアカウントを準備しています」と表示される。パートナープログラムの審査が終了するまで、数日～2週間程度待つ。

**なかなか承認されない**

まずはパートナープログラムの条件を満たしていないと、審査されません。動画の内容を充実させ、視聴者を増やしましょう。また、条件を満たしていても、物議を醸したりデリケートな事象の動画、誹謗中傷や人種差別の動画など、不快に思われる動画は承認されません。

**10** YouTubeの画面に戻ると、ステップ3が「処理中」になる。

**11** プログラムへの参加が承認されるとメッセージが届く。

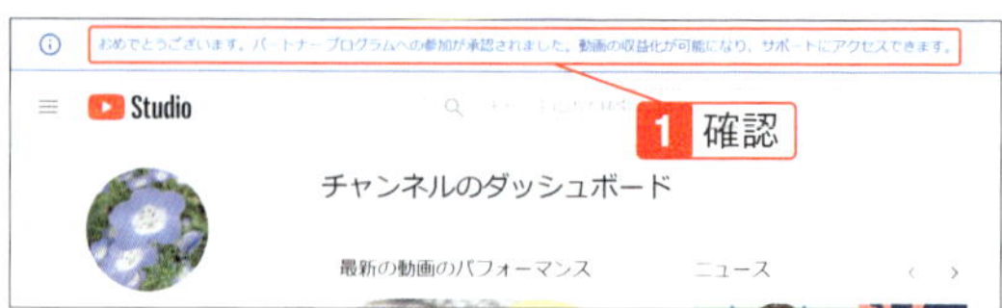

## ヘルプも確認しておこう

パートナープログラムの審査が承認されると、画面右上の「重要なお知らせ」にも表示されます。ここからYouTubeのヘルプで、収益化についてのよくある質問や、詳しい情報を確認できるので、一度は目を通しておきましょう。

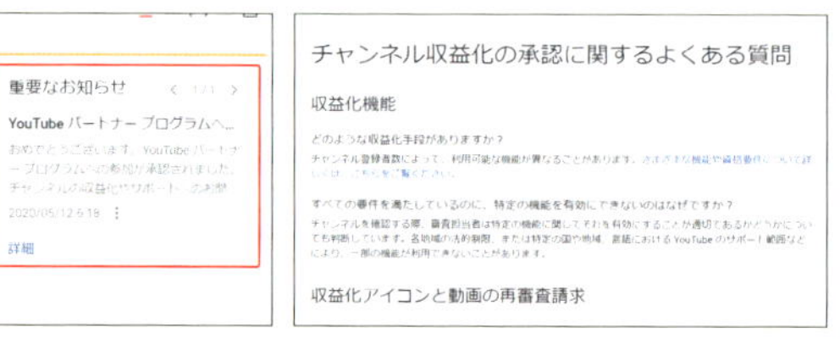


## 収益化の設定をする

**1** 上部にある「動画を収益化」をクリック。

**2** 「後で決定する」をクリック。

### 既存の動画と今後アップロードする動画をすべて収益化する

「すべての動画を今すぐ収益化する」を選択すると、既存の動画と今後アップロードする動画の収益化が開始されます。

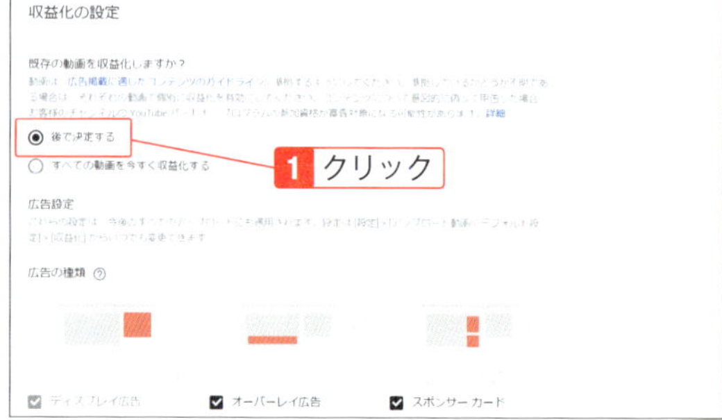

3 スクロールして広告の種類を選択し、「動画再生中の広告を有効にする」をオンにして、「設定を適用」をクリック。

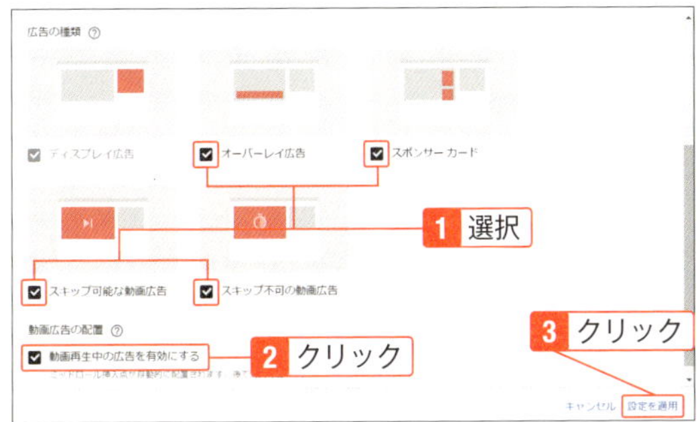


4 収益化の設定をした。

**ONE POINT 既定の広告設定を変更するには**

後からデフォルトの広告の種類を変えたい場合は、YouTube Studioの画面左下にある「設定」をクリックし、アップロード動画のデフォルト設定」➡「収益化」で変更できます。

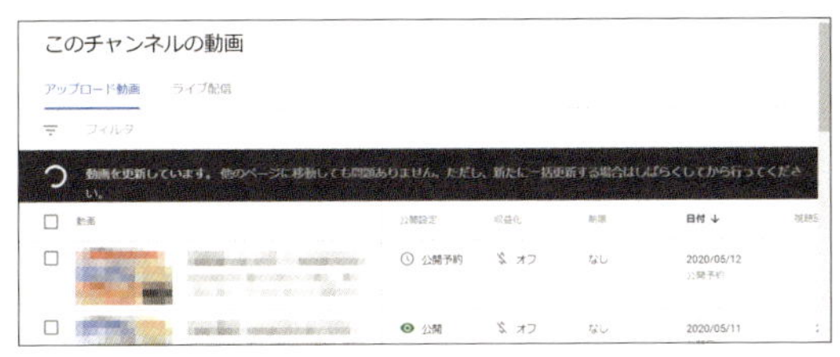


## 収益化を確認する

1 「収益受け取り」をクリックし、「概要」タブが表示されていることを確認する。「動画広告」の「詳細」をクリック。

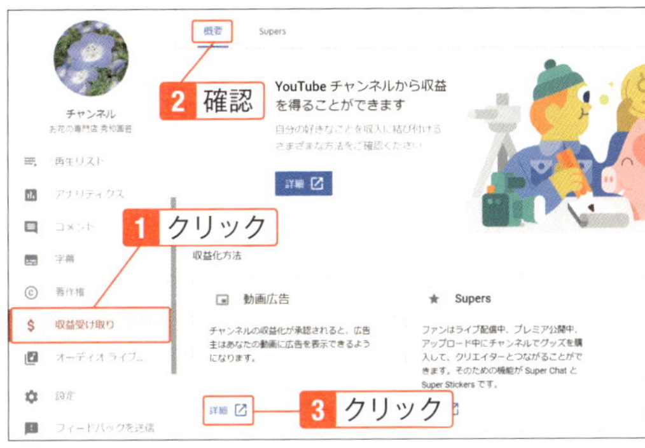


2 「ステータスと機能」が表示される。「収益化」が「有効」になっていることを確認する。

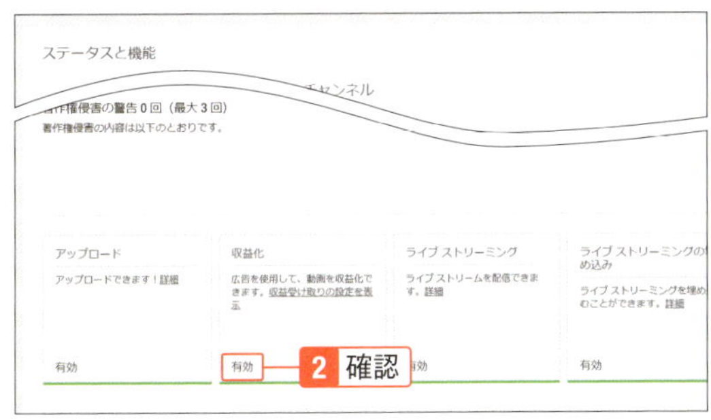

# 動画のアップロード時に広告を入れる

## 特定の動画のみに広告を入れることができ、動画ごとに広告の種類を選べる

すべての動画に広告を入れるのではなく、特定の動画のみに入れることもできるので、例えば短めの動画は広告を外すといったことが可能です。また、どの広告の種類を入れるかは、デフォルトで設定しておくのですが、動画ごとに変えることもできます。ここでは、特定の動画への広告設定について説明します。

### 特定の動画に収益化を設定する

1 動画の投稿画面（SECTION03-04の手順5）で「次へ」をクリック。

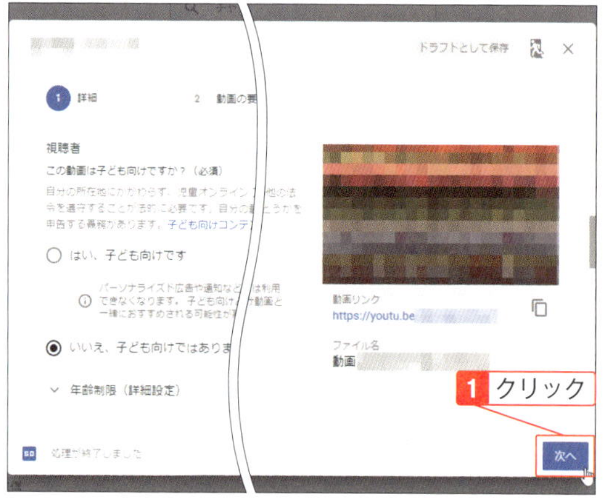

**投稿済みの動画を収益化するには**

YouTube Studioの画面で「動画」をクリックし、収益化したい動画の「収益化」の「オフ」をクリックし、「オン」に変更します。

2 動画の投稿画面の「収益化」タブ（収益化すると表示される）で、「▼」をクリックして「ON」をクリックし、「完了」をクリック。

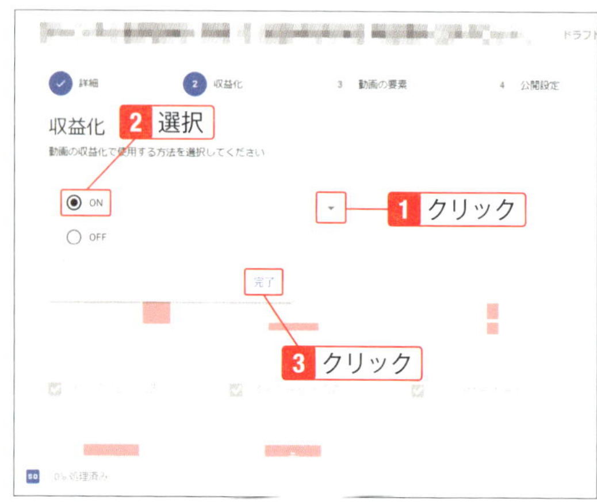

3 収益化がオンになった。広告の種類を選択して「次へ」をクリック。

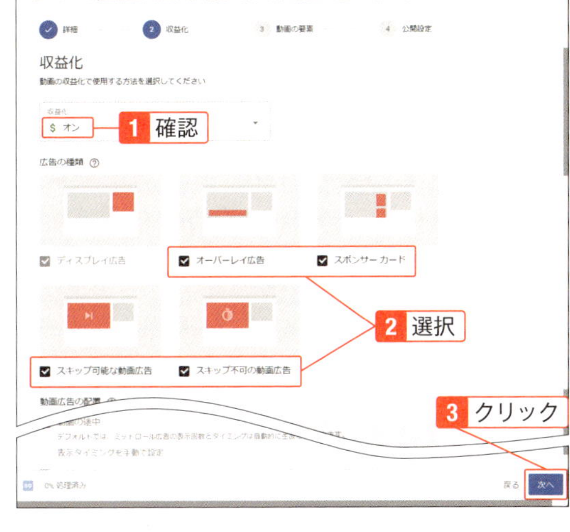


4 終了画面とカードを利用する場合は設定し、「次へ」をクリック。

ONE POINT
## 広告の表示タイミングを変更する

動画が10分を超える場合は、広告を表示するタイミングを変更できます。「動画広告の配置」横にある「?」をクリックし、「詳細」をクリックすると、詳しい方法を確認できます。

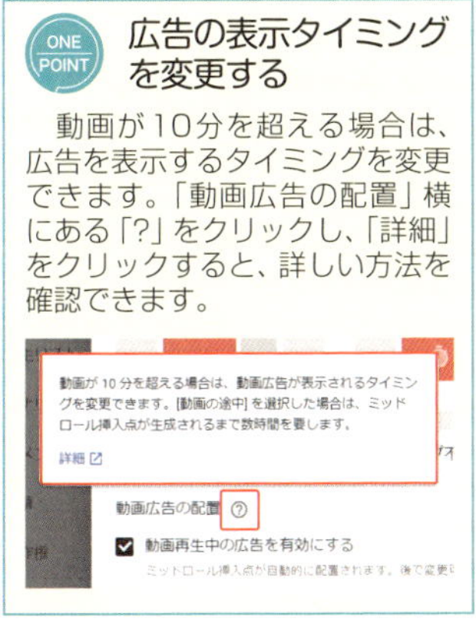

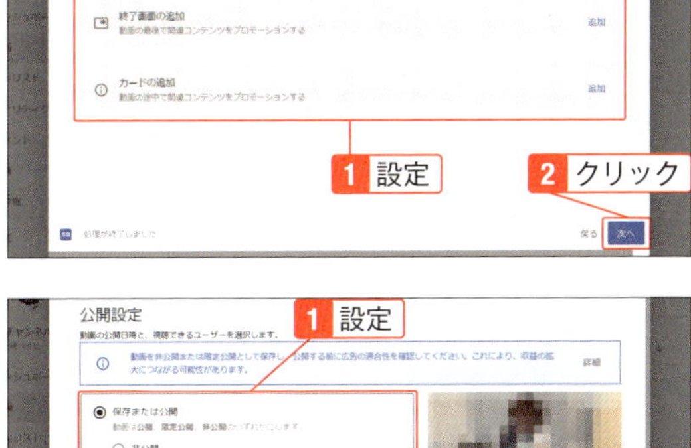

5 公開範囲を指定し、「保存」をクリック。

1 設定
2 クリック

ONE POINT
## 自分の動画が使用されていないかを確認する

YouTube Studioの画面で「著作権」をクリックすると、自分の動画が使われているか否かがわかります。初めて利用する場合は「同意して続行する」をクリックしてください。

# 視聴者の動向を解析する

## 視聴者の属性や検索されたキーワードなどが分かる

たくさんの人に見に来てもらうためには、視聴者の動向を分析することが大事です。YouTubeには、「アナリティクス」というチャンネルや動画の視聴データを統計情報とレポートで表示してくれる機能があります。アナリティクスを見て、次回どのような動画にすればよいか考えて投稿すれば視聴回数を増やすことができます。

## アナリティクスとは

アナリティクスは、「投稿した動画がどのくらい再生されたか」「人気のある動画はどれか」「どの年代が視聴しているか」などを、数値やグラフで見ることができるツールのことです。そのデータを見て、次回どのような動画を投稿すれば再生回数を増やせるかが見えてきます。

例えば、「トラフィックソース」では、視聴者がどのようにして動画にたどり着いたかを知ることができます。また、YouTube内で、どのようなキーワードで検索したのかがわかります。次回、そのキーワードに合う動画を投稿すれば、視聴者を増やせる可能性があります。

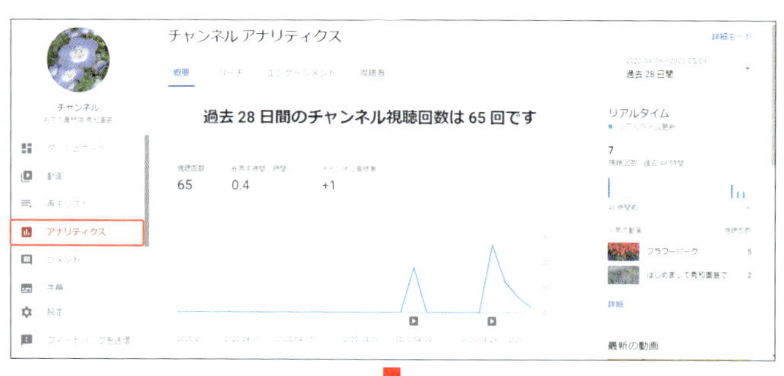


◀アナリティクスの「概要」画面。データがグラフで表示されているのでわかりやすい。

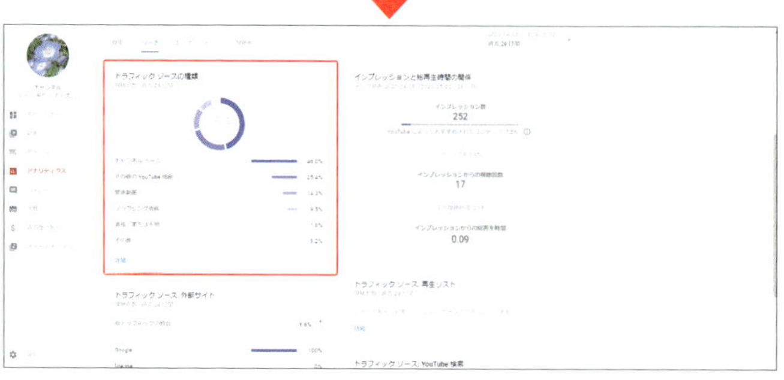


◀「トラフィックソース」では、視聴者がどこからきたのかがわかる。

## アナリティクスを表示する

1 YouTube Studioを表示し、「アナリティクス」をクリック。

2 「概要」画面が表示される。「リーチ」「エンゲージメント」「視聴者」それぞれのタブをクリックして切り替えることができる。

### YouTubeでの解析方法

YouTubeに投稿した動画のアクセス解析はYouTube Studioで行います。以前は「クリエイターツール」の画面で行っていましたが、現在は「YouTube Studio」に移行しています。なお、ここでの解説は執筆時点での画面ですが、今後更新され画面が変更になる場合があります。

## 概要

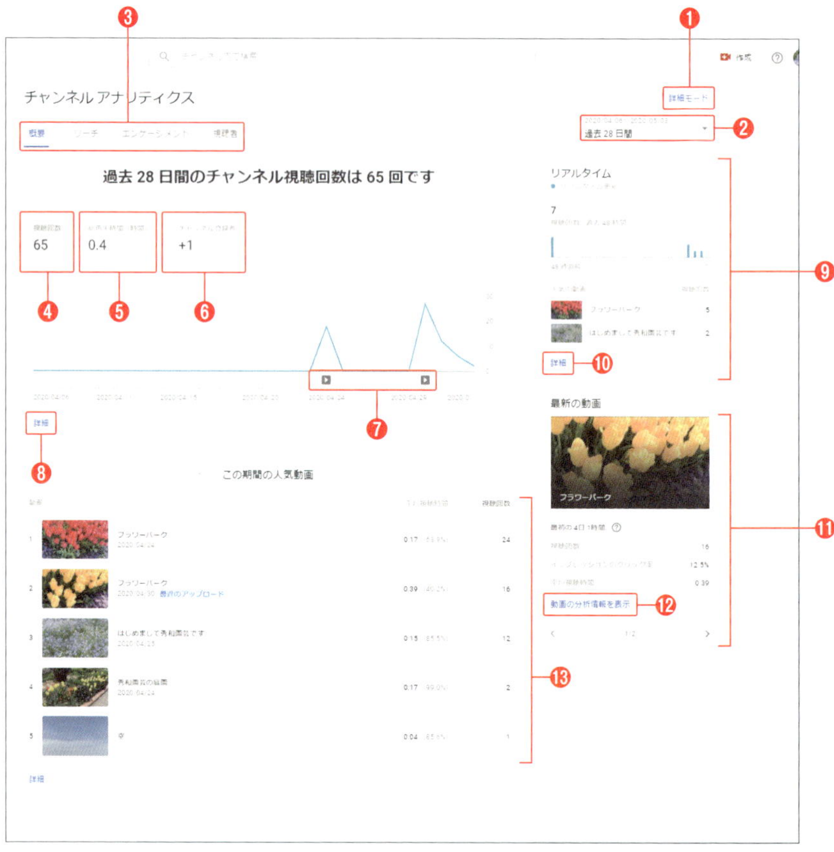


❶ **詳細モード**：グループ、比較、フィルタなどカスタマイズ可能なグラフを表示する
❷ **期間**：期間を指定できる
❸ **タブ**：クリックして切り替わる
❹ **視聴回数**：右上で指定した期間の視聴回数
❺ **総再生時間（時間）**：視聴者が再生したコンテンツの推定合計視聴時間
❻ **チャンネル登録者**：指定期間内で、登録者の増加数から減少数を引いた数
❼ポイントすると公開された動画が表示され、クリックするとその動画の分析情報が表示される
❽ **詳細**：クリックすると各動画の視聴回数や総再生時間、インプレッション数などの一覧が表示される
❾ **リアルタイム**：1時間ごとの視聴回数が表示される
❿ **詳細**：クリックすると各動画のリアルタイム状況が表示される
⓫ **最新の動画**：最新の動画の視聴回数やインプレッションのクリック率が表示される
⓬ **動画の分析情報を表示**：クリックすると最新の動画の視聴者維持率や高評価率、リアルタイム統計が表示される。
⓭ 指定期間の人気動画が表示される

## リーチ

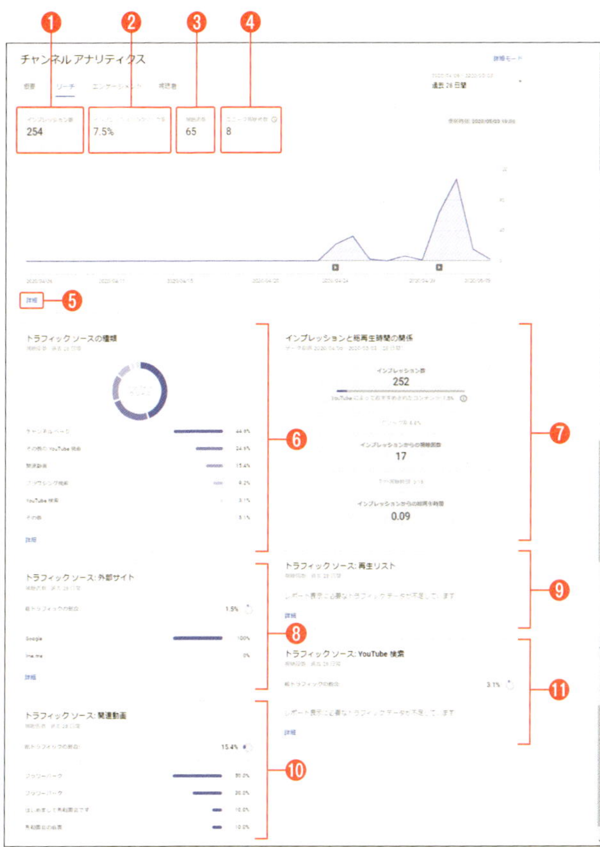


❶ **インプレッション数**：視聴者に動画のサムネイルが表示された回数

❷ **インプレッションのクリック率**：インプレッション1回あたりの再生回数

❸ **視聴回数**：右上で指定した期間の視聴回数

❹ **ユニーク視聴者数**：指定期間の推定視聴者数

❺ **詳細**：クリックすると各動画のインプレッション数やインプレッションのクリック率、視聴回数などが表示される

❻ **トラフィックソースの種類**：視聴者がどのように見つけてきたかが表示される

❼ **インプレッションと総再生時間の関係**：インプレッション、クリック率、クリック率と総再生時間の関係が表示される

❽ **トラフィックソース：外部サイト**：動画を埋め込んでいるかリンクしているウェブサイトやアプリ

❾ **トラフィックソース：再生リスト**：視聴回数が多い再生リスト

❿ **トラックソース：関連動画**：関連動画と動画の説明内のリンクからのトラフィック

⓫ **トラフィックソース：YouTube検索**：YouTubeの検索でどのキーワードが使われたかが表示される

## エンゲージメント

❶**総再生時間**：視聴者が再生したコンテンツの推定合計視聴時間

❷**平均視聴時間**：指定期間の視聴1回あたりの推定平均時間（分）

❸**詳細**：クリックすると、各動画の視聴回数や総再生時間、平均視聴時間などが表示される

❹**人気の動画**：指定期間内に再生回数が多かった動画

❺**終了画面で人気の動画**：クリックが多かった効果的な終了画面の動画

❻**上位の再生リスト**：総再生時間が上位の再生リスト

❼**人気の終了画面要素の種類**：最も効果的な終了画面の要素

❽**上位のカード**：クリックが多かった効果的なカード

## 視聴者

❶ **ユニーク視聴者数**：指定期間に動画を視聴したユーザー数

❷ **視聴者あたりの平均視聴回数**：視聴者が視聴した平均回数

❸ **チャンネル登録者**：指定期間内で登録者の増加数から減少数を引いた数

❹ **詳細**：クリックすると、各動画の総再生時間、視聴回数、ユニーク視聴者数などが表示される

❺ **視聴者がYouTubeにアクセスしている時間帯**：視聴者が視聴している時間帯を把握できる

❻ **年齢と性別**：視聴者の年齢と性別。「詳細」をクリックと年齢ごとに表示される。

❼ **上位の国**：視聴者の国別分布。IPアドレスに基づいて表示される。「詳細」をクリックすると日付ごとに表示される

❽ **字幕の利用が上位の言語**：視聴者の字幕言語の分布。字幕の使用に基づいて表示される。「詳細」をクリックすると日付ごとに表示される

# スマホで視聴者の動向を解析する

## スマホではYouTube Studioアプリでアナリティクスを使う

常時持ち歩いているスマホでも解析ができるので、視聴者の動向が気になる時にはいつでもチェックできます。YouTubeアプリではなく、SECTION03-09で紹介したYouTube Studioアプリを使います。パソコンだけで動画を管理している人もインストールしておくとよいでしょう。

## YouTube Studioのアナリティクスを表示する

**1** YouTube Studioアプリを起動し、☰をタップ。

**2** 「アナリティクス」をタップ。

**アナリティクスを表示する方法**

ダッシュボードのアナリティクスの「もっと見る」をタップしても表示できます。

**YouTube Studioアプリのアナリティクス**

スマホで訪問者の動向を解析したい場合は、YouTube Studioアプリを使います。パソコンよりもわかりやすい用語が使われていて、見やすい表示になっています。

**3** アナリティクスが表示された。それぞれのデータをタップすると詳細が表示される。

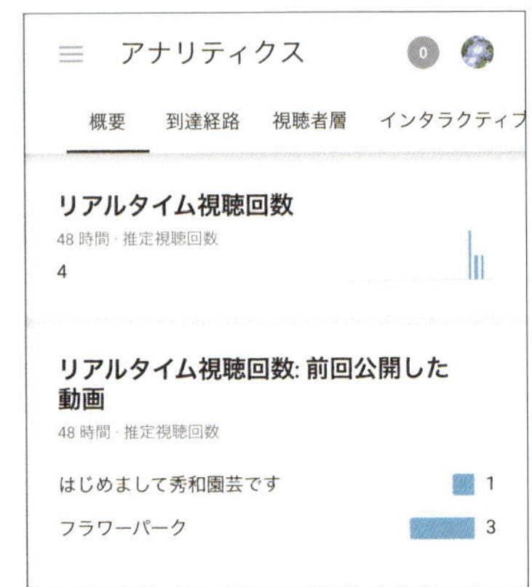

● 概要

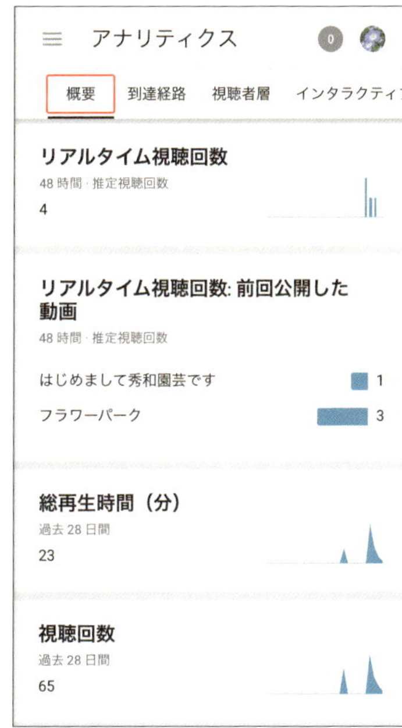


● 到達経路

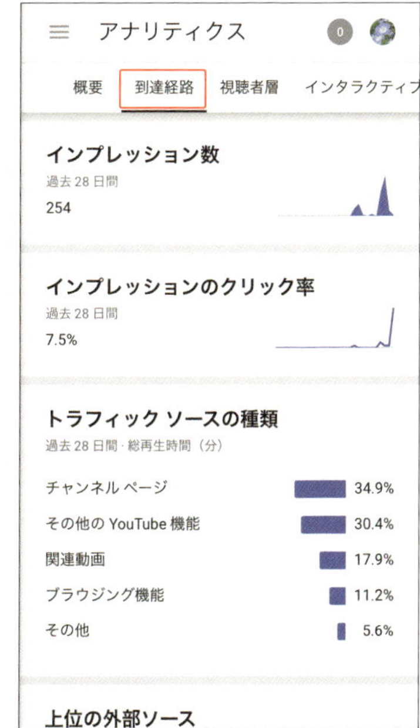


● 視聴者層

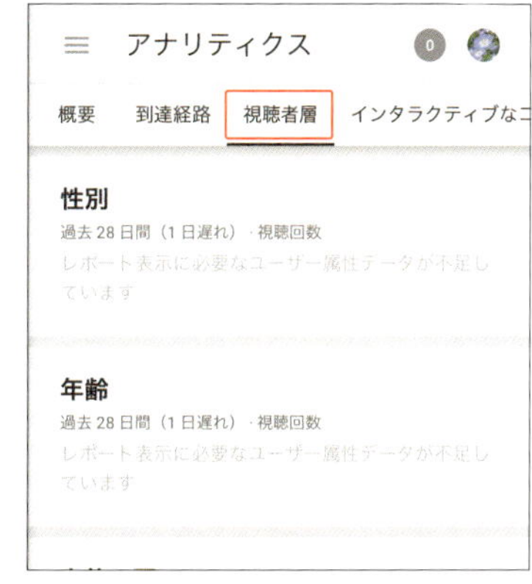


● インタラクティブなコンテンツ

● 再生リスト

06-08
SECTION

# YouTubeに広告を出す

## Google広告に申し込んで出稿する。最初は予算を抑えめに

SECTION06-04では、チャンネルを収益化して投稿動画に広告を表示させる方法を説明しました。一方、自社の宣伝広告をYouTubeに出したいときにはどうすればよいか、その手順を簡単に説明します。YouTubeでの宣伝効果は大きいですが、広告掲載料がかかるので、予算を考慮して利用するようにしましょう。

### Google広告に申し込む

1 Google広告(https://ads.google.com/)にログインする。ログイン後、左上の をクリックしてナビゲーションパネルを表示する。

Google広告とは

広告掲載サービス(他社の広告を掲載するときに利用するサービス)の「Google AdSense」に対して、広告出稿サービス(自社の広告を出すときに利用するサービス)が「Google広告」です。Googleの検索結果にもGoogle広告による公告が表示されています。広告主は、1クリック当たりの料金を決めて、クリックされた回数に応じて広告掲載料を支払います。

ここでは広告の申し込みが済んでいることを前提に解説します。これから始める場合はhttps://adwords.google.com/にアクセスし、「今すぐ開始」をクリックし、画面の指示に従って申し込んでください。

2 画面右上の「お客様ID」を確認する。

## YouTubeとGoogle広告をリンクさせる

**1** YouTube Studioを表示して「設定」をクリック。「チャンネル」の「詳細設定」をクリックし、「チャンネルの詳細設定」をクリック。

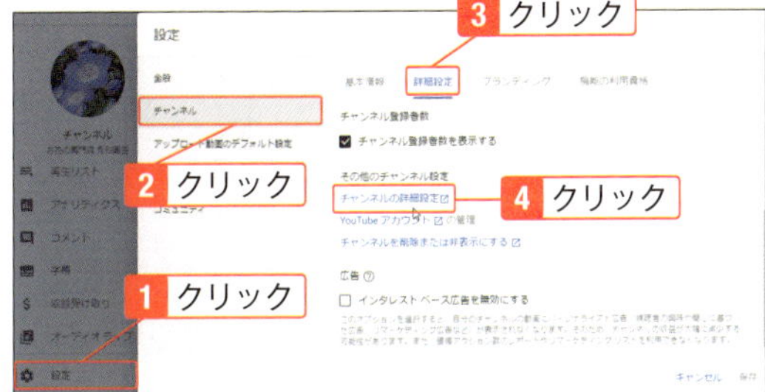


**2** 「AdWordsアカウントをリンクする」をクリック。

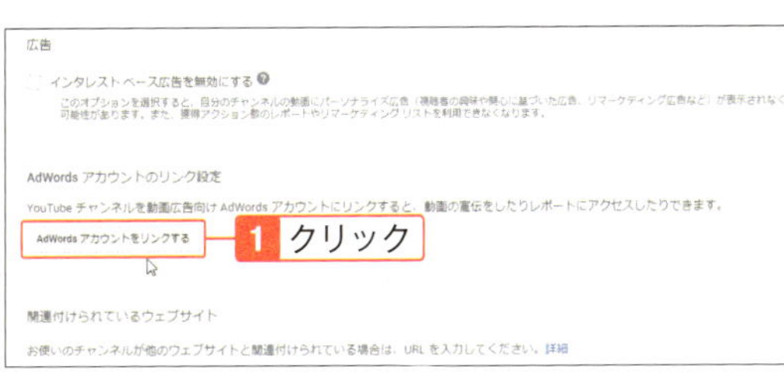

### AdWordsとは

Google広告は、以前はGoogle AdWordsという名前でした。執筆時点ではYouTubeの画面に「AdWords」と表記されていますが、Google広告と同じものです。

**3** 先ほど確認したGoogle広告のお客様ID（ハイフンを入れる）を入力し、「次へ」ボタンをクリック。

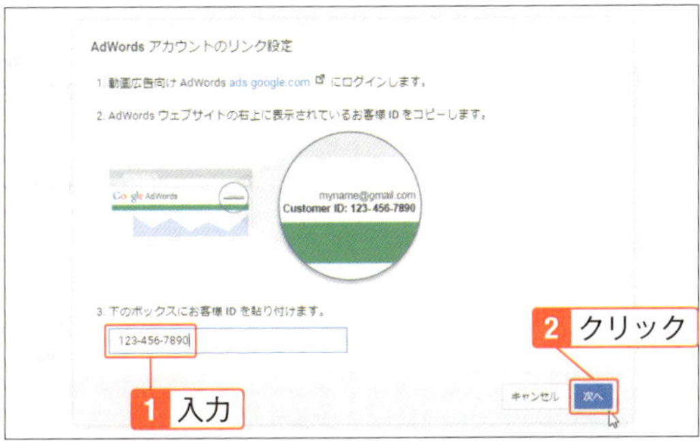


**4** 任意の名前を入力し、「完了」ボタンをクリック。

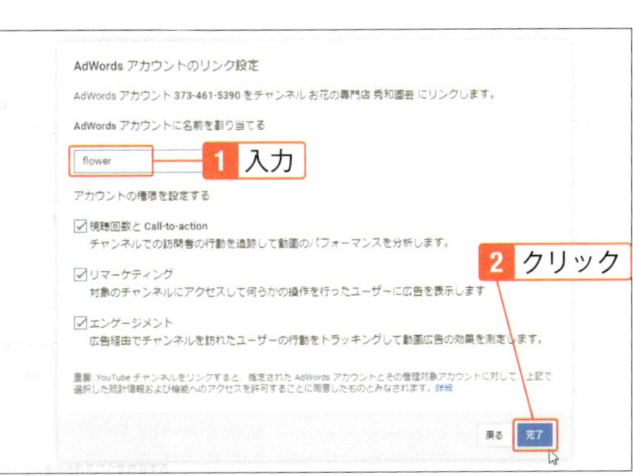

**5** YouTubeとGoogle広告をリンクした。

1 確認

**Google広告へのリンクを解除するには**

リンクを解除したい場合は、手順5の画面の「編集」をクリックして「アカウントのリンクを解除」をクリックします。

## Google広告からYouTubeへリンクする

**1** Google広告の画面で、🔧をクリックし、「設定」をクリックして「リンクアカウント」をクリック。

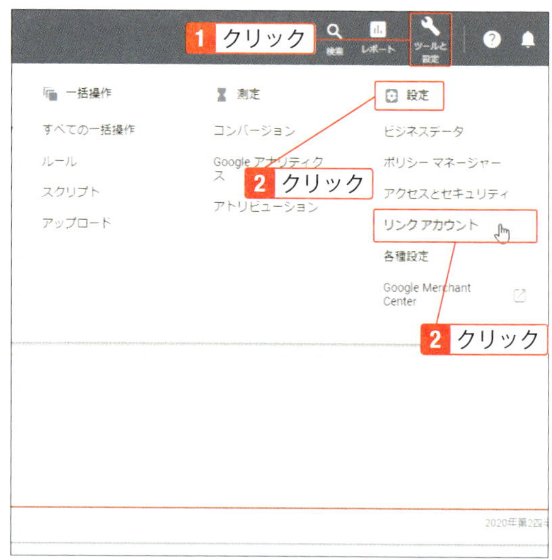


**2** 「YouTube」の「詳細」をクリック。

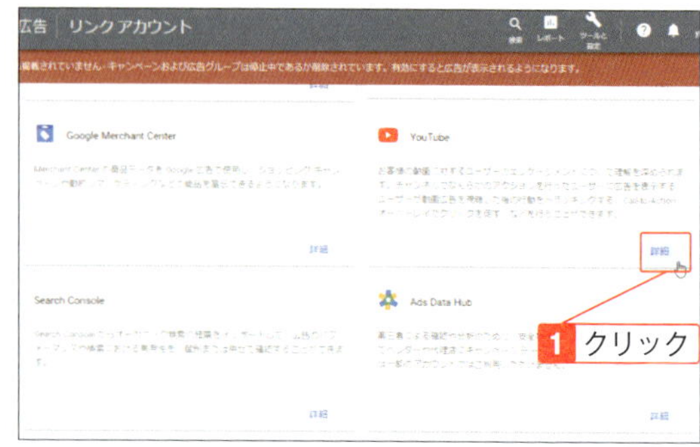

3 「リクエストを表示」をクリックし、「承認」をクリック。

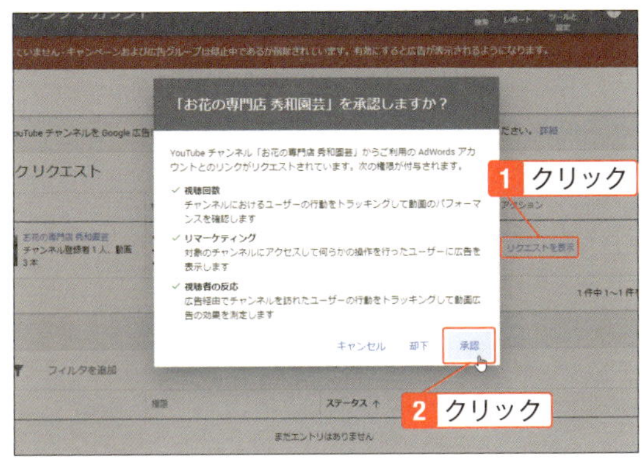


## 動画を宣伝する

1 YouTube Studioの画面に戻り、動画一覧の⋮をクリックして「宣伝」をクリック。

2 「始める」をクリック。

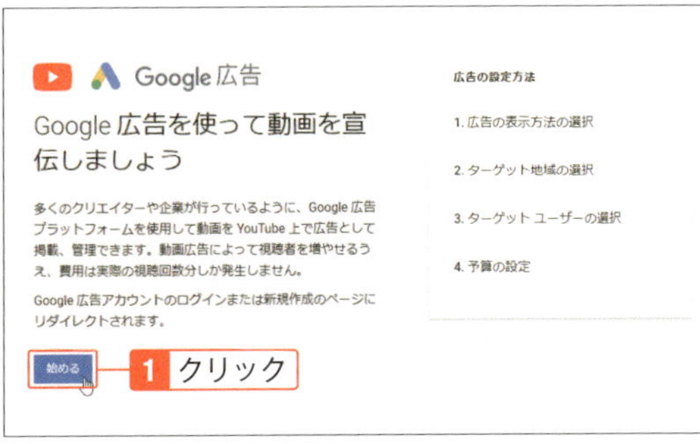

**3** 広告の配信方法を選択し、広告のリンク先を入力して「続行」をクリック。

### 広告の配信方法

他のYouTubeの動画の前に表示するか、関連動画の横やYouTubeのトップページに表示するかを選択します。右のプレビューでモバイル（スマホ）とDesktop（パソコン）での表示を確認できます。

**4** ターゲットの地域や言語を設定して、「続行」をクリック。

**5** ユーザー属性やユーザーの意向などオーディエンスを設定して「続行」をクリック。

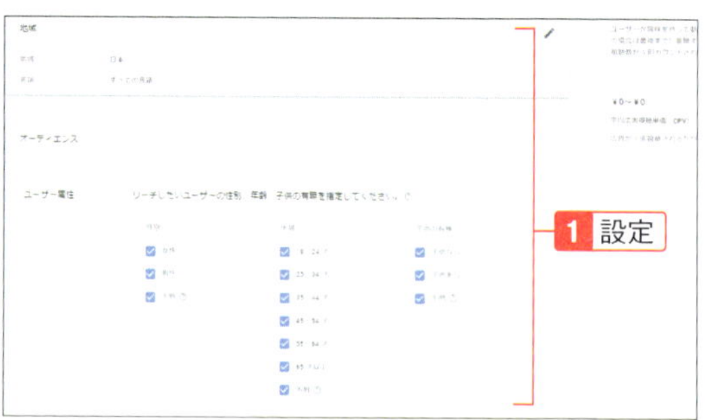


**6** 予算を設定し、「お支払い情報の設定に進む」をクリック。次の画面で「送信」をクリックすると支払い手続きが完了する。

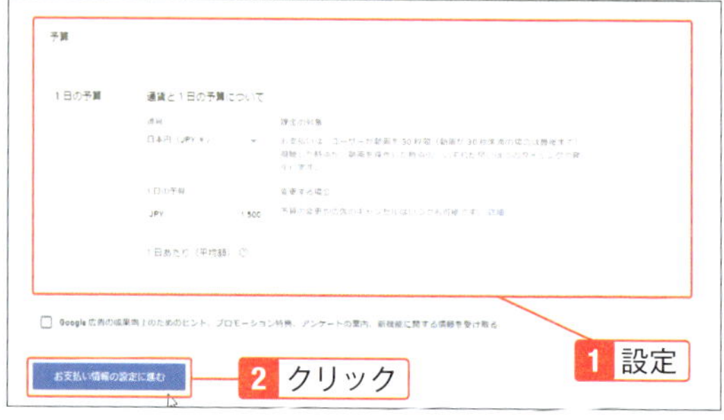

### Google広告の設定

Google広告では、広告の表示方法などのさまざまな設定があります。目的に合わせて最適な広告を出せるように設定してください。

Chapter

# 07

# トラブルを避け、安全・快適に使うために知っておきたいこと

動画を投稿するときには、著作権や肖像権に気を付けなければなりません。特に会社やお店の場合は、違反するとイメージダウンになり、売上が落ちたり、最悪営業ができなくなったりします。また、ひょっとしたら、トラブルに巻き込まれて、営業を妨害されることもあるかもしれません。そのような対応策を知っておきましょう。このChapterでは、YouTubeを快適に使うための基本事項や設定などについて説明します。

07-01
SECTION

# 著作権／肖像権とは

## 知らずに違反してしまうことも珍しくないので注意

動画を投稿するにあたって、著作権や肖像権を理解しておくことは常識です。ビジネスで利用している場合は、知らなかったでは済まされないトラブルに発展することもあるので気を付けてください。著作権と肖像権について詳しく載っているサイトがあるので一読しておくとよいでしょう。YouTube以外でも役立つはずです。

### 著作権とは

著作権とは、作品を制作した人に与えられる権利のことで、その作品を製作者（著作権者）の許可を得ないで無断利用すると著作権法違反となります。

当然、YouTubeにも他の人の動画をアップロードすることはできません。たとえば、友人が撮影した動画をLINEなどで送ってきたとします。これを友人の許可なしにYouTubeに載せることはできません。また、まれにテレビ番組がアップロードされていることがありますが、こちらも違法です。動画に付ける音楽にも同様に著作権があるので注意が必要です。

もし、違反した場合は、アカウントの削除や著作権法違反で摘発されることもあります。そうならないためにも、YouTube著作権センター（https://www.youtube.com/intl/ja/yt/about/copyright/#support-and-troubleshooting）の「著作権について」や文化庁のホームページ「著作権なるほど質問箱」http://www.bunka.go.jp/chosakuken/naruhodo/」などを読んで理解しておきましょう。

▲YouTube著作権センターの「著作権について」

## 肖像権とは

肖像権には、プライバシー権とパブリシティ権があります。

プライバシー権は、被写体の顔や姿に帰属される権利のことです。本人の許可なしに、写真や動画を撮ったり、使用したりすることは肖像権の侵害にあたります。家族や親しい友人だからと言って、勝手にYouTubeに載せないようにしましょう。

公共の場で撮影する場合は、映り込んだ人が不快な思いをしないように配慮が必要です。とは言っても、一人一人に許可を得ることは不可能なので、個人が特定できる部分をカットしたり、YouTubeStuidioのエディタ（SECTION 05-06）や動画編集アプリを使ってぼかしたりなどの工夫をしましょう。

パブリシティ権は、タレントやアーティストなどの著名人に関する権利です。著名人の氏名や容姿が持つ顧客誘引力、経済的価値は、パブリシティ権によって保護されています。著名人を出せば儲かるからと言って勝手に利用することはできませんし、テレビに出ているからといってYouTubeに載せることはできません。

▲「日本音楽事業者協会」のホームページ（http://www.jame.or.jp/shozoken/index.html）に肖像権についての詳しい説明がある

### 自分の作品が無断で掲載されたら

万が一、自分の作品が無断で掲載されていた場合には、YouTubeヘルプの「著作権を侵害したコンテンツに対する削除通知の送信」（https://support.google.com/youtube/answer/2807622?hl=ja）から、送信してください。

07-02
SECTION

# YouTubeを利用してトラブルにあったら

## 当事者同士での解決が基本になるので、トラブルは極力避ける

トラブルにあわないことが一番ですが、何かがきっかけで何らかのトラブルが生じることもあるかもしれません。もし、トラブルが起きてしまったら、慌てずに対処しましょう。このSECTIONでは、対応策が載っているYouTubeのヘルプのページを紹介します。安心して利用するためにも、一度見ておくとよいでしょう。

### ヘルプを見る

YouTube は、世界中のさまざまな人が利用しているので、何らかのトラブルにあうことがあるかもしれません。もし、氏名や住所などの個人情報がわかる動画が掲載された場合は、そのユーザーに連絡して動画の削除依頼をしてください。直接連絡を取りたくない場合は、YouTubeヘルプの「プライバシー侵害の申し立て手続き」(https://support.google.com/youtube/answer/142443) からYouTubeに送信ができます。

また、嫌がらせや脅迫、なりすまし、スパムなどのトラブルもあります。対処方法はそれぞれ異なるので、ヘルプの「問題の報告と処置」ページ (https://support.google.com/youtube/topic/2803138?hl=ja&ref_topic=6151248) を参考にしてください。

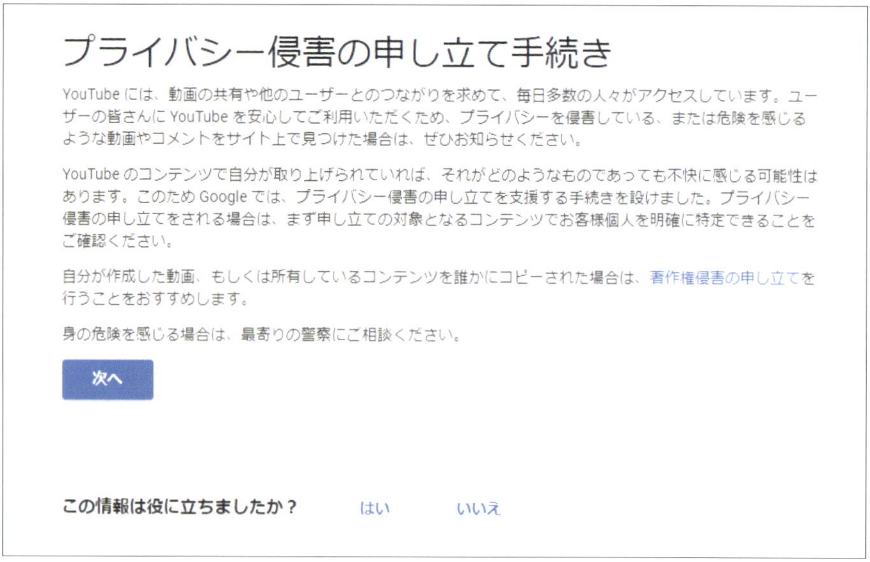

プライバシー侵害の申し立て手続き

YouTube には、動画の共有や他のユーザーとのつながりを求めて、毎日多数の人々がアクセスしています。ユーザーの皆さんに YouTube を安心してご利用いただくため、プライバシーを侵害している、または危険を感じるような動画やコメントをサイト上で見つけた場合は、ぜひお知らせください。

YouTube のコンテンツで自分が取り上げられていれば、それがどのようなものであっても不快に感じる可能性はあります。このため Google では、プライバシー侵害の申し立てを支援する手続きを設けました。プライバシー侵害の申し立てをされる場合は、まず申し立ての対象となるコンテンツでお客様個人を明確に特定できることをご確認ください。

自分が作成した動画、もしくは所有しているコンテンツを誰かにコピーされた場合は、著作権侵害の申し立てを行うことをおすすめします。

身の危険を感じる場合は、最寄りの警察にご相談ください。

次へ

この情報は役に立ちましたか？　はい　いいえ

▲YouTubeヘルプの「プライバシー侵害の申し立て手続き」
(https://support.google.com/youtube/answer/142443)

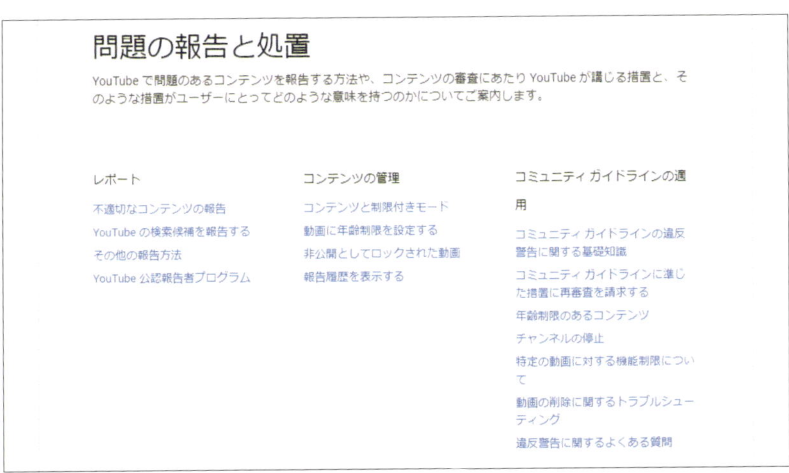


▲問題報告ツールに関する情報をまとめたページ
(https://support.google.com/youtube/topic/2803138?hl=ja&ref_topic=6151248)

## 不適切な動画を見つけたら

まれに不快な動画を目にすることがあるかもしれません。もし、不適切な動画があった場合は、https://support.google.com/youtube/answer/2802027?hl=jaに「不適切なコンテンツの報告」一覧があるのでYouTubeに報告しましょう。

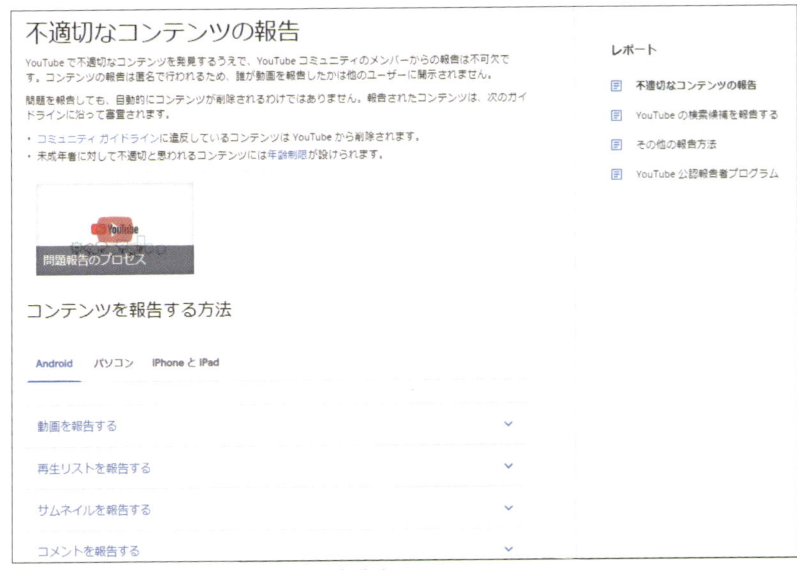


▲不適切なコンテンツの報告はここから報告する
(https://support.google.com/youtube/answer/2802027?hl=ja)

# YouTubeの動画をダウンロードしてもいいの？

## 自分が投稿した動画以外は基本的にダウンロードできない

「公開されている動画だからダウンロードしよう」「一般人が投稿した動画だから自由に使おう」と思っていませんか？YouTubeはダウンロードを禁止していますし、違法ダウンロードは法律で禁じられています。YouTubeの動画をダウンロードできるツールもありますが、違法なのでやめましょう。自分が投稿した動画のダウンロードは問題ありません。

## 基本的にダウンロードは禁止

YouTubeの規約（https://www.youtube.com/t/terms）の禁止行為の個所にYouTubeが許可した場合以外はダウンロードできないとあります。

ただし、有料版のYouTube Premiumに申し込むと一時的に保存することが可能です。オフラインで視聴したいのならおすすめです。なお、自分がアップロードした動画はダウンロードできます。その場合は、「YouTube Studio」の「動画」をクリックし、ダウンロードしたい動画の⋮をクリックし、「ダウンロード」をクリックします。

▲パソコン版YouTube Studioで動画の⋮をクリックし、「ダウンロード」をクリックする

# 個人情報が分からないようにして利用する

## 個人を特定されそうなものが映り込んでいないか気を付ける

YouTubeは、インターネットを使うサービスなので、個人情報を知られるのが心配な人もいるでしょう。神経質になりすぎる必要はありませんが、うっかり公開してトラブルになることは避けたいので、最低限必要なことは知っておきましょう。ここではYouTubeで個人情報を知られないようにするにはどうすればよいかを説明します。

### 本名がわからないようにする

誰でも視聴できるYouTubeなので、やはり個人情報を知られてしまうのが怖いという人もいるはずです。顔を知られたくない場合は「顔を映さないようにする」「自宅の住所がわかるような動画を載せない」「住所や電話番号などの情報を説明欄やコメント欄に書き込まない」といったことに気を付けて利用しましょう。

また、Googleアカウントでコメントをしたり、動画を投稿したりしていると、アカウント作成時に入力した本名を使うことになります。困るようであれば、SECTION 04-04のように、ブランドアカウントを作成して本名以外のチャンネル名を使うことをおすすめします。それでも不安ならもう一つアカウントを作成して利用することも可能です（SECTION 02-15参照）。

◀ブランドアカウントを使わないとGoogleアカウントの名前が表示される

ブランドアカウントなら本名を知られない▶

07-05
SECTION

# 評価した動画や登録チャンネルを見られたくない

## ビジネスでも趣味でも同じアカウントを利用している場合などに

登録チャンネルは公開することが可能ですが、たまたま興味があって登録したチャンネルが、気まずいチャンネルだった場合、他の人に知られたら困る人もいるでしょう。既定では非公開になっていますが、うっかり公開されていたということがないように、念のためチャンネル設定画面を確認しておきましょう。

### チャンネルのプライバシーを設定する

自分が評価した動画や登録したチャンネルを、チャンネルページに表示させるか否かは選択できます。既定では非公開になっていますが、不安に思う場合は設定を確認しておきましょう。YouTubeの画面でアカウントアイコンをクリックし、「チャンネル」をクリックします。「チャンネルをカスタマイズ」をクリックし、チャンネルの編集画面を表示します。⚙をクリックすると、登録チャンネル、再生リストの非公開用のスライダがあります。オフにすると公開されるので、見られたくない場合はオン（青色の状態）のままにしておきます。

スマホの場合も、マイチャンネルの⚙をクリックして同じ設定ができます。

▲「登録チャンネルを非公開にする」をオフにすると、チャンネルページの「チャンネル」タブで登録チャンネルを見られてしまう

チャンネル設定
プライバシー
すべての登録チャンネルを非公開にする
保存した再生リストをすべて非公開にする
他のユーザーが作成した再生リストは、あなたのチャンネルには表示されません。ご自身で作成した再生リストには、それぞれ個別のプライバシー設定が適用されます。
その他のオプションは［アカウント設定］をご覧ください。
チャンネルのレイアウトをカスタマイズ
動画を定期的にアップロードする人にお勧めします。チャンネル紹介動画を追加したり、チャンネル登録者におすすめコンテンツを提案したり、動画や再生リストをセクションに分けたりできます。

◀パソコン版YouTubeの「チャンネル設定」でプライバシーを設定できる

# データ通信量を抑えるためのテクニック

## Wi-Fi環境で視聴/アップロードするのが最善

スマホの通信制限を気にしながら使っている人もいるでしょう。YouTubeの動画視聴は通信量を使うので、長い動画を見ているうちに通信制限がかかってしまったということがよくあります。そこで、通信量を極力抑えて視聴する方法があるので紹介しましょう。動画をアップロードする時の抑え方についても説明します。

### 「Wi-Fi接続時のみHD再生」を有効にする

通信量に制限があるプランでスマホを使っている人は、YouTube動画を見ていると、いつの間にか速度制限がかかってしまうことがあります。速度制限がかかると、YouTubeだけでなく、ホームページの閲覧やメール、SNSの利用にも支障をきたします。そこで、YouTube動画を視聴する際に、画質の設定を低画質にすれば、通信量を抑えることができます(SECTION 02-04)。また、HD動画はWi-Fiでのみ再生できるように設定できます。アカウントアイコンをタップし、「設定」をタップして、「Wi-Fi接続時のみHD再生」をオンにします(Androidの場合は「設定」➡「全般」➡「モバイルデータの上限設定」をオン)。

アップロードするときは、時間もかかるのでWi-Fiを使いましょう。また、少し手間がかかりますが、USBケーブルでパソコンに送ってから投稿する方法もあります。パソコンでYouTubeにアップロードすればモバイル通信量はかかりません。

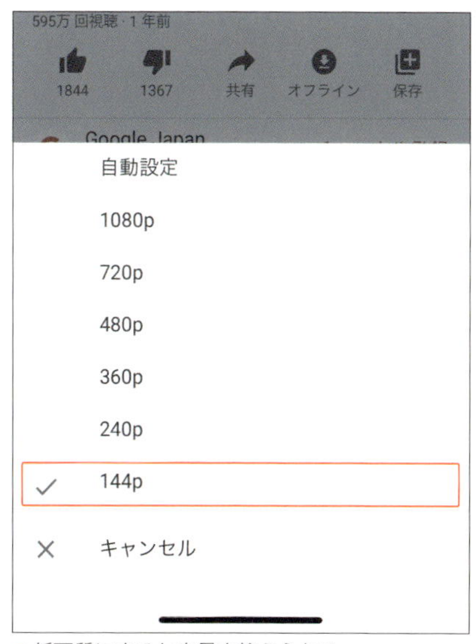


▲低画質にすると容量を抑えられる

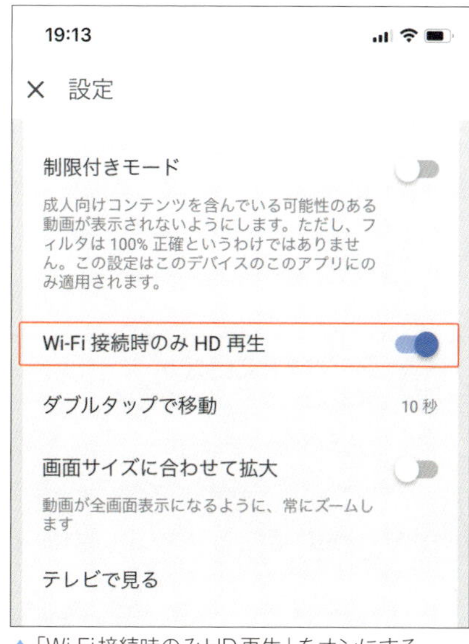


▲「Wi-Fi接続時のみHD再生」をオンにする。

07-07 SECTION

# 通知のオン/オフを変更する

## YouTube以外のアプリからも、頻繁に通知が来る人に

YouTubeからさまざまなお知らせが送られてきます。登録しているチャンネルで新しい動画の投稿があったときや自分の動画にコメントが付いたときなどは便利なのですが、いろいろなお知らせが増えてくると少しわずらわしく思うかもしれません。そのようなときは、通知設定で必要なお知らせのみにできます。ここでは、スマホのYouTubeアプリとパソコン版YouTubeの通知の設定画面の開き方を説明します。

### スマホのYouTubeアプリの通知をオフにする

**1** スマホのYouTubeアプリで、右上のアカウントアイコンをタップし、「設定」をタップ。

**2** 「通知」をタップ。

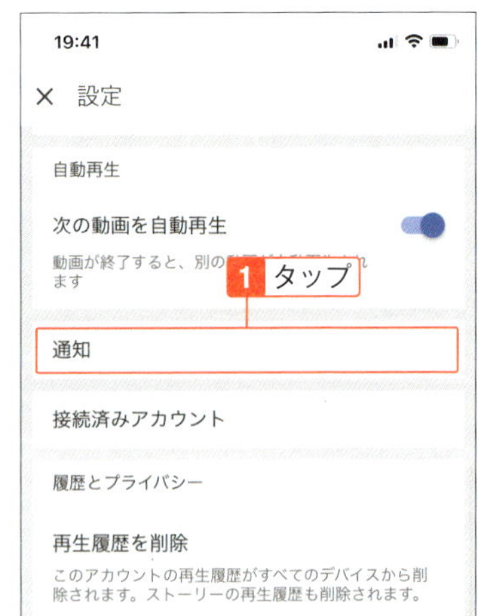

#### スマホ本体の通知がオフになっているときは

スマホ本体の通知がオフになっている場合は、手順2の画面で「通知はオフになっています」をタップし、端末の設定画面で「通知」をタップし、「通知を許可」をオンにすると手順3のように種類ごとの通知を設定できます。通知が一切要らない場合はそのままにしておきましょう。

「通知はオフになっています」をタップする

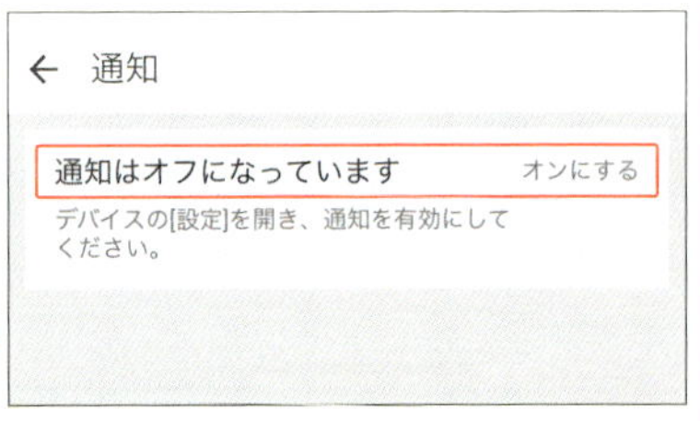

**3** 不要な通知をオフにする。

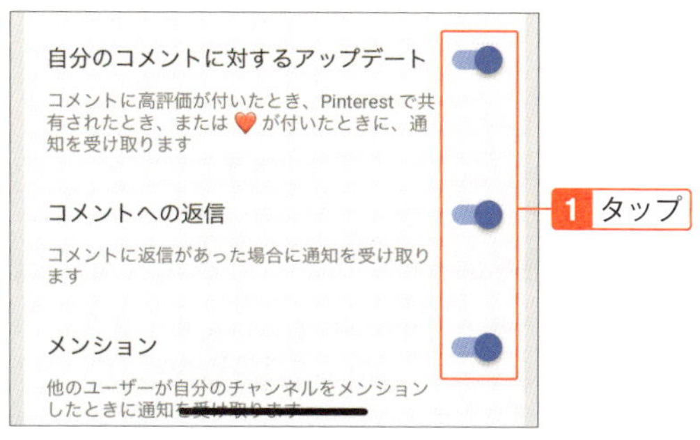


## パソコン版YouTubeの通知をオフにする

**1** 右上の🔔をクリックし、⚙をクリック。

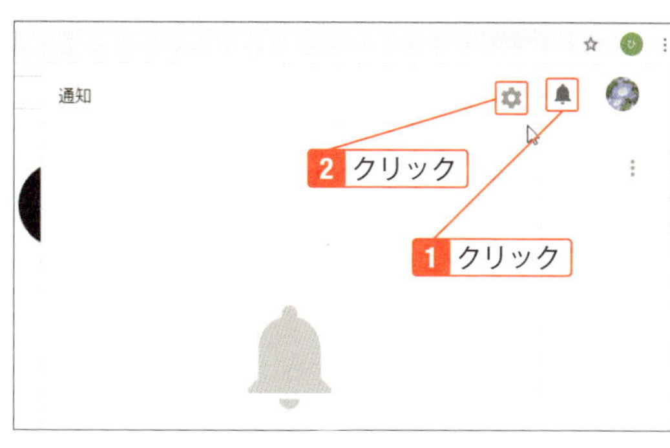

### 登録しているチャンネルごとに通知を設定したい

登録チャンネルごとの通知については、SECTION 04-03のワンポイントを参照してください。

**2** 通知の設定画面が表示される。

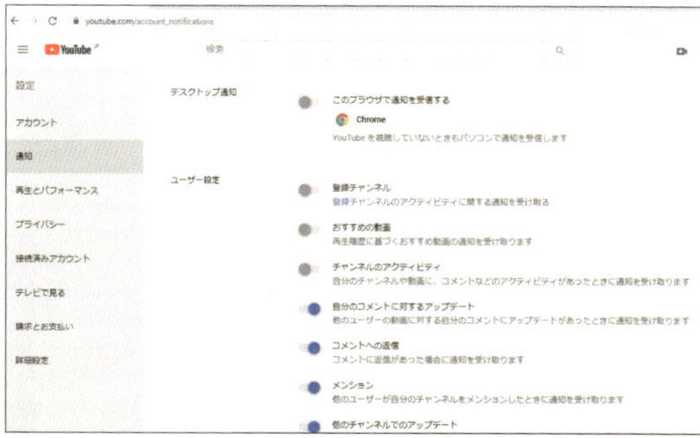

### Chromeのデスクトップ通知を使うには

手順2の画面で、「このブラウザで通知を受信する」をオンにします。画面右下に通知を表示させることができます。

デスクトップ通知▶

07-08
SECTION

# 再生履歴や検索履歴を削除する

## 視聴した動画の記録を残しておきたくない人に

少しでも動画を再生すると履歴として残ります。SECTION02-17で再生履歴の削除について説明しましたが、すべての履歴を削除することもできるのでここで説明します。同様に検索履歴も削除できます。ただし、履歴から再生ができなくなり、おすすめ動画が少なくなることを踏まえて設定してください。

### スマホで履歴を削除する

1 アカウントアイコンをタップ。

2 「設定」をタップ(Androidの場合は「設定」➡「履歴とプライバシー」をタップ)。

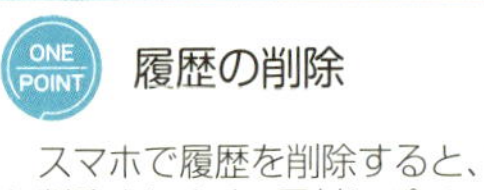

履歴の削除

スマホで履歴を削除すると、パソコン版の方も削除されます。反対にパソコンの履歴を削除するとスマホでも削除されます。

3 「再生履歴を削除」をタップ。

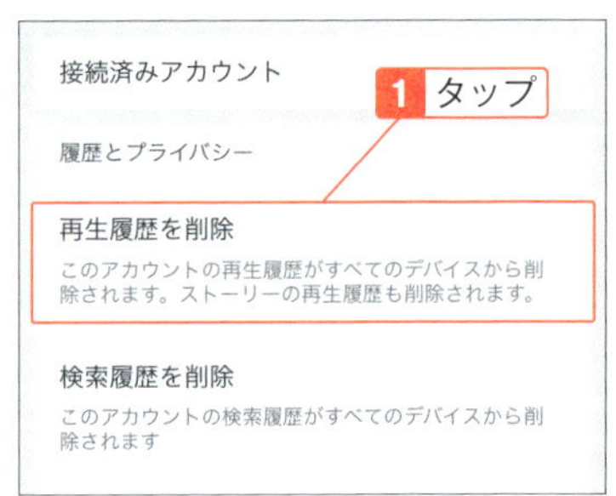


4 「再生履歴を削除」をタップ。同様に、手順2で「検索履歴を削除」をタップして検索履歴を削除できる。

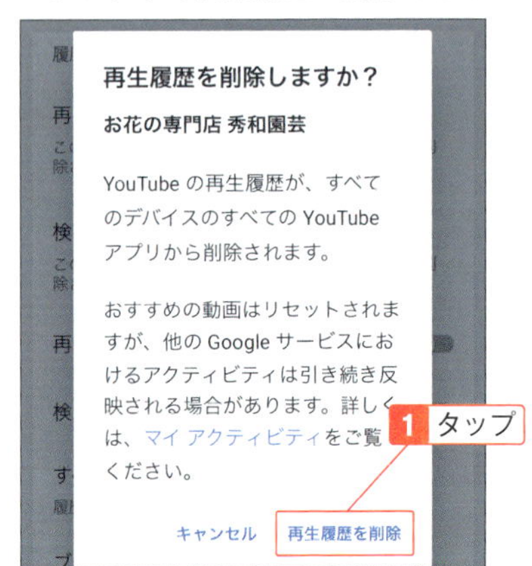

## パソコンで履歴を削除する

**1** YouTubeの画面でメニューの「履歴」をクリック。「再生履歴」をクリックし、「すべての再生履歴を削除」をクリック。

**2** 「再生履歴を削除」をクリック。

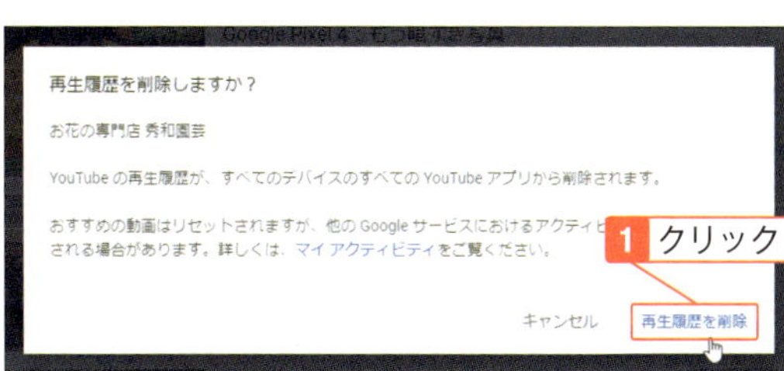


**3** 同様に「検索履歴」をクリックし、「すべての検索履歴を削除」をクリック。

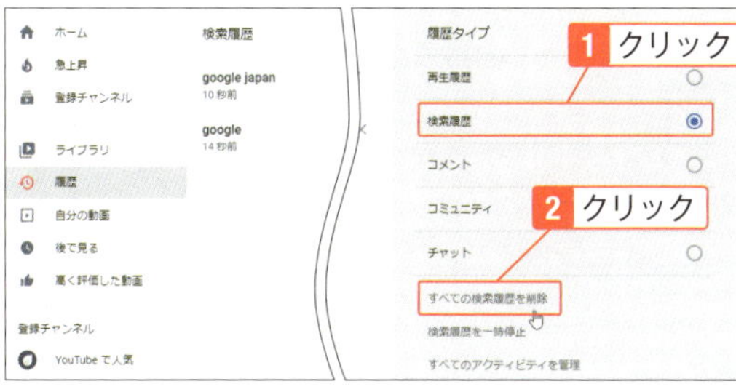

### 履歴の一時停止とは

手順3で「再生履歴を一時停止」をクリックすると一時的に再生履歴を停止できます。その場合、再生した動画を見つけにくくなり、新着のおすすめ動画が少なくなる場合があります。「検索履歴を一時停止」した場合も、同様におすすめ動画が少なくなる場合があります。

**4** 「検索履歴を削除」をクリック。

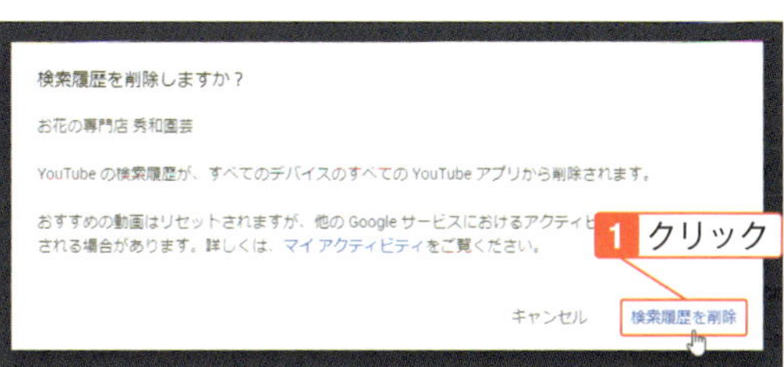

# 複数の人でチャンネルを管理する

## メンバー各自のアカウントで、同じチャンネルを管理できる

会社やお店の場合、社員で動画を投稿したり、管理したりすることもあるでしょう。1つのアカウントを使いまわさなくても、それぞれのアカウントでアクセスして利用する方法があるので紹介します。管理者などの権限の選択ができるので、たとえば、「リーダー以外はユーザー追加の操作ができない」といったことが可能です。

### 管理者を追加する

**1** パソコン版YouTubeで、右上のアカウントアイコンをクリックし、「設定」をクリック。「チャンネルのカスタマイズ」画面を開いている場合は⚙をクリック。

**複数人での共同作業**

複数の人でチャンネルを利用できるのは、SECTION 04-04で作成したブランドアカウントのみです。Googleアカウントのチャンネルは複数人で利用できません。

**2** 「管理者を追加または削除する」をクリック。

**「管理者を追加または削除する」が見当たらない**

「管理者を追加または削除する」が表示されていない場合は、ブランドアカウントではないからです。ブランドアカウントに切り替えて設定してください。

**3** 「ブランドアカウントの詳細」のページに移動する。管理者の横にある「権限を管理」をクリック。本人確認のためのログイン画面が表示されたらログインする。

**4** [アイコン]をクリック

**5** 招待する人のメールアドレスを入力。

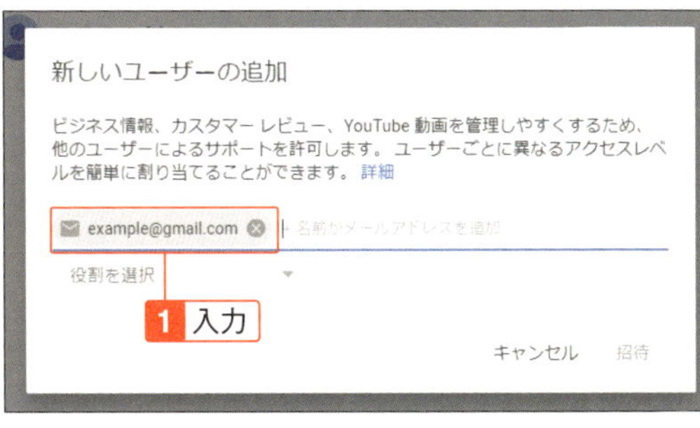

### 追加した管理者やオーナーを削除するには

ユーザーが追加されたら手順4の画面で、×をクリックして削除できます。

**6** 役割を選択して、「招待」をクリックし、「完了」をクリック。招待された人はメールの「招待に応じる」をクリックすると共同管理ができるようになる。

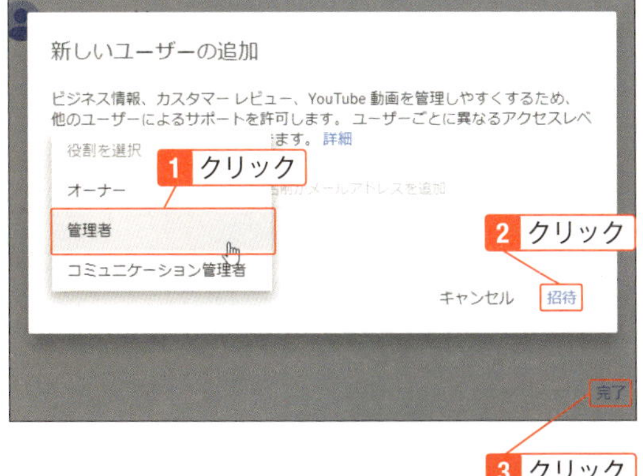

### 「オーナー」と「管理者」の違い

アカウントの削除や管理者の追加・削除はオーナーだけができます。管理者は、動画の投稿や編集、メッセージの投稿ができます。コミュニケーション管理者は、他のGoogleサービスでメッセージができますがYouTubeは使用できません。

07-10
SECTION

# チャンネルのURLを短くしたい

## 一定の登録者数があり、アイコンなどが設定済みの必要がある

URLはインターネット上の住所のようなものですが、簡単なURLは覚えられても、長くて複雑な文字のURLを覚えるのは大変です。YouTubeのURLも複雑なのでなんとかしたいと思っている人もいるでしょう。実は、短くてわかりやすいURLにすることができるのです。ただし、条件を満たしているチャンネルのみ使用可能です。

### カスタムURLを設定する

チャンネルのURLは、「youtube.com/channel/UCo_RQpHmJ3wkpRMuGC8nxOg」のように長くて複雑なので、人に教えるときに大変です。そこでカスタムURLを使うと、「youtube.com/yourcustomname」や「youtube.com/user/yourcustomname 」のように短くて覚えやすいURLにすることができます。

ただし、チャンネルが以下の条件を満たしている場合のみ設定できます。

- **チャンネル登録者数が100人以上であること**
- **チャンネルを作成してから30日以上経過していること**
- **チャンネルアイコンの写真をアップロード済みであること**
- **チャンネルアートをアップロード済みであること**

パソコン版YouTubeでアカウントアイコンをクリックして「設定」をクリックします。左の一覧から「詳細設定」をクリックし、「カスタムURL」に「カスタムURLを使用できます」と表示されている場合に設定できます。

設定
アカウント
通知
再生とパフォーマンス
プライバシー
接続済みアカウント
テレビで見る
請求とお支払い
詳細設定

ユーザー ID　O73　コピー
チャンネル ID　UC　コピー
デフォルト チャンネル　このチャンネル（お花の専門店 秀和園芸）を @gmail.com アカウントへのログイン時のデフォルトにする
カスタム URL　カスタム URL の詳細　現在このチャンネルはカスタム URL の利用要件を満たしていません
チャンネルを移動　チャンネルを自分の Google アカウントまたは別のブランド アカウントに移動する　チャンネルを自分の Google アカウントまたは別のブランド アカウントに移動できます
チャンネルを削除　チャンネルを削除する　YouTube チャンネルを削除しても、Google アカウントは閉鎖されません

# 用語索引

## 英数字



## あ行



## か行

## さ行



## た行

## は行



## ま行



## や・ら行

# 目的別索引

## 記号・英字



## あ行



## か行



## さ行

## た行



## は行



## ら行

※本書は2020年5月現在の情報に基づいて執筆されたものです。
本書で紹介しているサービスの内容は、告知無く変更になる場合があります。あらかじめご了承ください。

■著者
桑名 由美（くわな　ゆみ）
パソコン書籍の執筆を中心に活動中。著書に「最新 LINE & Instagram & Twitter & Facebook & TikTok ゼロからやさしくわかる本」「はじめてのGmail入門」「Googleサービス完全マニュアル」「仕事で役立つ！PDF完全マニュアル」などがある。

著者ホームページ
https://kuwana.work/

■イラスト・カバーデザイン
高橋 康明

YouTube完全マニュアル［第2版］

発行日　2020年 7月 1日　第1版第1刷
　　　　2020年 8月25日　第1版第2刷

著　者　桑名　由美

発行者　斉藤　和邦
発行所　株式会社　秀和システム
〒135-0016
東京都江東区東陽2-4-2　新宮ビル2F
Tel 03-6264-3105（販売） Fax 03-6264-3094
印刷所　三松堂印刷株式会社　Printed in Japan

ISBN978-4-7980-6183-2 C3055